Osprey Military New Vanguard
オスプレイ・ミリタリー・シリーズ

「世界の戦車イラストレイテッド」
31

V-2弾道ミサイル 1942-1952

[著]
スティーヴン・ザロガ
[カラー・イラスト]
ロバート・カロウ
[訳者]
手島 尚

V-2 Ballistic Missile 1942-52

Text by
Steven J Zaloga
Colour Plates by
Robert Calow

大日本絵画

目次 contents

3	前書き	introduction
3	ドイツの初期のロケット開発	early german rocket development
15	A-4ミサイル部隊の組織	A-4 missile unit organization
35	アメリカ攻撃ミサイル計画	final missile design
37	V-2の回顧	the V-2 in retrospect
40	V-2の大戦後の遺産	the V-2's post-war legacy
42	赤いV-2	red V-2
45	参考文献	bibliography
25	カラー・イラスト	colour plates
48	カラー・イラスト 解説	

◎著者からのノート

著者はこのプロジェクトについて多くの方々から有難いご協力を頂いた。ペンシルヴァニア州カーリスル・バラックス所在の米国陸軍士官学校内、the US Army Military History Institute（米国陸軍軍事歴史協会。写真のクレジットとしてはMHIと略記）の博物館と特別コレクション部のスタッフの方々、アバディーン実験場所在のthe US Army Ordnance Museum（米軍陸軍兵器博物館。USAOM, APGと略記）のスタッフの方々と、the US National Archives and Records Administration（国立文書書簡・記録局。NARAと略記）のスタッフの方々である。そして、アンドレイ・アクセノフ、トーマス・デサウテルスの両氏には個人コレクションの写真を提供して頂き、特にお礼を申し上げたい。

◎著者紹介

スティーヴン・ザロガ　Steven Zaloga
ユニオン・カレッジで歴史学学士号、コロンビア・ユニヴァーシティで同修士号を取得した。彼はTael Group Corp.の上級アナリストであり、ミサイル・テクノロジーと生産の現在の発展状況について同社が刊行している業界誌、World Missiles Briefingの編集長である。同時に、Institute for Defense AnalysesのStrategy, Forces, and Resources Divisionの部外スタッフでもある。軍事テクノロジーと軍事史の著作が多数ある。

ロバート・カロウ　Robert Calow
レスターで出生し、現在もそこに居住してイラストレーターとして活動を続けている。リーズ・ポリテクニックでグラフィック・デザインの学位を取得した後、Eikon Illustrationに入社した。彼が主に興味を持っているのは建築と軍事的なテーマである。彼は高く評価されている多くのプロジェクト——例えばウィンザー宮殿のための作品、Corgi ClassicsのためのThe Battle of Britain Memorial Flightの作品など——を製作した。彼はオスプレイ社のNew Vanguard 54：Infantry Mortars of World War IIのイラストも担当した。

V-2弾道ミサイル 1942-1952
V-2 Ballistic Missile 1942-52

前書き●introduction

ドイツのV-2は世界で最初に実戦で使用された弾道ミサイルである。これは驚異的な技術の成果であり、その後にミサイル技術の多くの重要な新機軸が登場する路を拓いた。しかし、これは武器としては全くの失敗作だった。第二次世界大戦の後、V-2とその開発に当たった技術者たちは、米国とソ連の双方が進めた宇宙開発プログラムで極めて重要な役割を果たした。これまでV-2の開発について書かれた書物は多いが、本書は1944～45年のV-2の実戦での使用に焦点を当てている。

early german rocket development
ドイツの初期のロケット開発

下写真●発射台上のA-4ミサイル。1945年、ミサイル攻撃作戦中に撮影された。このプログラムは極秘だったため、実戦発射の写真は極めて少なく、これは1945年に米国陸軍が押収した僅かな数の写真の1枚である。(MHI)

1920年代と1930年代にわたって、若く熱心な航空科学研究者たちの間で液体燃料ロケットに対する関心が目立って高まった。未来の宇宙旅行についての小説の影響を受けたパイオニアたちは、第二次大戦中のミサイル開発の基盤を築いた。ドイツはロケット技術を軍事的に活用しようとするレースにおいて、他の主要国より数歩前に進んでいた。1930年代にドイツ陸軍が熱心なロケット技術研究者たちに経済的な支援をあたえる方針を採り、彼らの研究活動のために施設と人員を提供したからである。

戦前のドイツ国防軍※（ライヒスヴェーア）の中で最も強くロケット兵器開発を主張したのは、陸軍兵站本部火砲・弾薬部長、カール・ベッカー中佐だった。ベッカーは第一次大戦中にパリ砲※※の開発に参加しており、ロケットはそれよりも進歩した火砲攻撃の手段であると考えていた。ベッカーのスタッフの中には、後にV-2開発プログラムを指揮することになるヴァルター・ドルンベルガー大尉がいた。1929～30年に固形燃料ロケットの実験を重ねた後、ベッカーは液体燃料ロケットの開発推進を考える

ようになった。この方式は最も大きなペイロードをもっと長い距離へ飛ばす可能性があったからである。初期のロケット用固形燃料には弱点があった。実際に推力を発揮する成分は重量の大体四分の一に過ぎず、残りの重量はエンジン内搭載に適合した型に成形するための成分が占めていた。このような状態のロケット・エンジンは重量対推力の効率が極めて低い。それとは対照的に液体燃料エンジンは、燃料タンクと燃料室の重量が加わった上でも、重量対推力の効率が明らかに高かった。初期ロケット技術のパイオニアたちは液体酸素とアルコールの組み合わせを支持した。これによって得られる推力は、それ以外に考えられる素材を組み合わせたいずれよりも高く、従って燃料効率が最高だった。ヴェルナー・フライヘア＝フォン＝ブラウンはベルリンのアマチュアのロケット研究グループの若く有能なメンバーだった。ベッカーは彼と話し合い、液体燃料ロケットの開発についての彼の協力の合意を得た。フォン＝ブラウンはベルリン大学で物理学の博士号取得のための研究に当たっており、ベルリン南郊のクンマースドルフの火砲実験場内にロケット実地テストのための施設を提供された。

　ドイツのミサイル開発プログラムはナチ党が政権につくまでは小規模なものだった。ナチスの指導者の中にはこのような未来派的な兵器に強い関心を持つ者があった。このため、ナチ党の時代になって開発には軍事予算があたえられ、プログラムは目立って拡大された。この種のプログラムは完全な秘密の下で進められる必要があり、テストの場所はベルリンから遠く離れていることが望ましかった。フォン＝ブラウンはバルト海沿岸という案を出し、1937年5月にウーゼドム島の北端の村、ペーネミュンデに秘密兵器センターが設置された。1930年の半ば頃、ドイツ陸軍の首脳部では砲兵将校が主流を占めていた。第一次大戦中、砲兵の活動が極めて重要だったからである.彼らの熱烈な支持はロケット開発プログラムの大きな推進力となった。

　このプログラムの最初のロケット、A-1 (Aggregat 1：総合体1) は、重量135kg、エンジン推力は300kgに過ぎなかった。「これを建造するために我々は半年の時間を費やしたが、たったの半秒間で爆発して消えてしまった」と、フォン＝ブラウンは回想を語っている。A-2はA-1の改設計型であり、1934年に2基が発射されて、高度2,400mまで上昇した。次の型のロケット、A-3の推力は1,500kgに高められた。最初の2基の発射は誘導機構の問題のために失敗に終り、それに続く2基の発射はそれよりはうまく行ったが、制御上の問題があることが明らかに読み取れた。このように実験の成果は僅かなものだったが、1936年に陸軍はA-4ミサイルの開発を承認した。これは実際に兵器として計画された最初のミサイルである。これは後に宣伝用の名称、V-2 (Vergeltungswaffe 2：報復兵器2号の略) で広く知られるようになった。この計画を陸軍部内に強くアピールするために、ドルンベルガーはペイロード1トン、射程270kmと説明した。第一次大戦のパリ砲に比べて射程は2倍、ペイロードは100倍という数字である。この新兵器は

拡がった土埃の雲を後にして上昇して行くA-4。1943年の春、ペーネミュンデのテスト・スタンドVIIでの発射の場面。特徴的な黒と白の区画の塗り分け塗装が、胴体下部で一部ぼやけている。これは安定板のすぐ上、液体酸素タンク部分の外板に厚い氷が拡がっているためである。(NARA)

1943年までに実戦配備に進むことを目標として開発が開始された。

A-4という型式番号が先取りされてしまったので、次のテスト用のミサイルには型式番号A-5が割り当てられた。これはペーネミュンデで発射されたロケットの中で、A-4とほぼ同じデザインの最初のミサイルだった。相違点はサイズが半分ほどである点だけである。1938年10月に始まり、1941年の末までの間に12基のA-5が発射された。その目的は高い機能を持つ慣性誘導システムを完成させることだった。

1930年代の末、A-4ミサイル開発のプログラムは予算上の制約を受けることなく拡大されて行った。その中ではいくつも重要な技術的な進歩が実現し、それらの技術の多くは現在でもミサイル設計に活かされている。ミサイル設計で最も難しい部分は慣性誘導プラットフォーム——いくつものジャイロスコープのセットによって飛行制御システム作動の電気的信号を送り出す装置——だった。1940年3月21日、強力な新エンジンの地上固定状態での最初の運転が実施された。設計には常に精細な考慮が必要だった。技術的な問題を解決するためだけでなく、コストの高くない大量生産に適したミサイルを作り出すためである。

最初のテスト用ミサイルA4V1(VはVersuchmuster、テスト用機の略)は1942年2月25日に完成し、3月18日に発射されたが、不成功に終わった。1942年6月13日のテスト用2号機の発射も失敗だった。1942年8月16日に発射された3号機、A-1V3は離陸したが、電力供給回路に始まる一連の小部分の故障が発生した。それにもかかわらず、計画より早くエンジンが停止するまでに、高度11,700mまで上昇した。最初に成功裡に飛行したのはA-4V4である。1942年10月3日にバルト海上を190km飛び、計画されていた地点から僅かに4km離れただけの地点に落下した。その後、1943年にわたってテストが重ねられ、成功と腹立たしいような失敗が入り混じった。1943年1月7日のA-4V10の発射は最も危険の大きい失敗に終わった。燃焼室が爆発し、ミサイルは発射台から倒れて、テスト・スタンドVII全体が巨大な火炎の塊に包まれたのである。1943年6月30日の発射はもっと恐ろしい事態になった。まだペーネミュンデの上空を離れていない内にミサイルの制御装置が故障し、制御不能に陥ったミサイルは近くのカールスハーゲンの飛行場に墜落し、このため空軍機数機が破壊された。それらの事故はあっ

A-4開発の主要人物2人。画面の前列左側、葉巻を持っているのがヴァルター・ドルンベルガー少将。同右側、左腕にギプスをはめているのがヴェルナー・フォン＝ブラウン。1945年5月、彼等がバヴァリアで米国陸軍の部隊に降服した直後に撮影された写真である。(NARA)

たが、1942年末までのテストによって、この新兵器は技術的に実現可能であると判断され、1942年11月22日にヒットラーから連続生産開始の許可をあたえられた。

　空軍は陸軍のA-4プログラム進行を知り、英国本土爆撃を十分に継続できない空軍の弱点を、A-4によって穴埋めすることができるというドルンベルガーの発言を伝え聞いて刺激された。そして1942年に空軍独自のミサイル開発を開始した。フィーゼラー Fi 103巡航ミサイルである。これはFZG 76(Flakzielgrät 76：対空砲標的76)、V-1(宣伝用名称)とも呼ばれ、連合軍側はバズ・ボム(ぶんぶん爆弾)と呼んだ。Fi 103は精巧なA-4と比較すると極めて単純な兵器であり、粗雑なと言ってもよいほどだが、開発と製造が経済的であるのが長所だった。最初の内、陸軍が恐れたのは、空軍がFi 103によって彼らの大切なA-4を追い落とそうとするのではないかということだった。1942年の末に新たにドイツの兵器開発生産プログラム全体の責任者になったアルベルト・シュペーアは、ふたつの兵器の価値を検討するために高級将校による委員会を設置した。1943年5月になってこの委員会は、ふたつの開発プログラムを双方とも推進させるべきだとの結論を答申した。Fi 103の航法精度はあまり高くなく、速度は戦闘機による迎撃や対空砲火に捕捉される可能性のあるレベルだった。しかし、コストが低いので大量発射することができた。一方、Fi 103の発射には大きな固定発射台施設が必要であり、これが敵に発見され、爆撃に狙われやすいという弱点もあった。この点、A-4は爆撃に狙われる可能性が高くない施設から発射することができ、発射された後は敵に阻止されることはあり得なかった。

　Fi 103とA-4の製造は戦線でのドイツ軍の頽勢(たいせい)に対応して、至急に進められた。1943年夏のクルスク攻防戦以降、東部戦線の戦況は決定的にソ連軍が優位に立ち、赤軍が恒常的に戦略的主導権を握り続けた。ヒットラーとナチの指導部首脳たちは、ペーネミュンデの秘密兵器を彼らの戦略の失敗に対する万能薬と見るようになって行った。この兵器によって戦局に決定的な影響をあたえることができると夢想し始めたのである。その結果、ドイツの軍需産業が通常兵器の必要量を生産するために限度一杯まで追われているにもかかわらず、ナチの首脳部はミサイル開発プログラムに対する支援を拡大し続けた。1943年8月、英国空軍(RAF)は突然ペーネミュンデに対して大規模な爆撃作戦を

保存されているA-4Cの排気チェンバーを覗き込んだ写真。噴気口の周囲にはミサイルの制御操作に使われるグラファイト製小翼4枚が写っている。これはミサイル設計上のイノヴェーションであり、戦術ミサイルの一部で現在も使われている。(著者)

マイラーヴァーゲンに載せられているA-4B。1943年6月のカムフラージュ比較テストのパターンで塗装されている。この時期に連続生産されたミサイルの大半は、1943年にペーネミュンデとブリツナでのテスト発射に使用された。(MHI)

最初に編成されたA-4訓練部隊、第444砲兵中隊の訓練発射のために、ペーネミュンデのテスト・スタンドXに3基のA-4Bが並んでいる。塗装はいずれもテスト後期のスタイルで、尾部の白と黒の塗り分け以外は全体にオリーヴグリーンに塗られている。(MHI)

実施した。英国はドイツの新兵器開発を早期に探知するために、積極的に有効な情報活動を進めていた。ドイツ側はこのプログラムの秘密を守るために厳重に警戒していたが、A-4の製造に強制労働を使っていたために、やはり情報漏洩は避けられなかった。ドイツが射程300kmの能力を持つミサイルをバルト海沿岸のある地点からテスト発射したという情報が、あるデンマーク人の化学者から1942年12月に送られて来た。そして、北アフリカで捕虜になったドイツ軍将校たちもその噂を語っていることが報告された。1943年初めに、テスト発射場があると見られる地点が絞り込まれて来た。強制労働者としてウーゼドムに送り込まれたポーランド人たちからの報告に基づいて、ドイツがここでロケットのエンジンを開発しているという情報をポーランドのレジスタント組織が送って来たのである。春に入って、ウーゼドムで働いているポーランド人とルクセンブルク人の労働者たちから、もっと詳細な情報がもたらされた。1943年4月、ミサイルの脅威の可能性を調査する活動——暗号名「ボディライン」——の責任者にダンカン・サンディース下院議員が任命された。バルト海沿岸の発射場についての情報に対応して、1943年4月の末から特別偵察作戦が開始され、この一連の偵察飛行によって初めてA-4ミサイルの確実な証拠を握ることができた。

サンディースはこの証拠を提示し、6月29日にチャーチルはRAF爆撃機コマンドによる爆撃を承認し、この作

A-4ミサイルの主要な生産施設は、ノルトハウゼン近郊のミッテルヴェルク社のトンネル工場コンプレックスだった。ここはSSによって管理されていた。トンネル工場での労働条件は極めて苛酷であり、近くのドーラ労働キャンプから送り込まれた強制労働者が数千名死亡した。(NARA)

戦は1943年8月17～18日の夜に実施された。この「ヒドラ」作戦はドイツの技術者たちの居住施設を最優先の目標としていた。技術者たちを殺傷すれば、ミサイル開発プログラムの進行に最も強い打撃をあたえることができると想定したからである。第1波の爆撃部隊は基地の居住施設を狙ったが、マーカー照明弾の投下に問題があり、三分の一の機は施設から南側に少し外れた地区にある強制労働者のキャンプを爆撃した。第2波の目標はA-4ミサイル製造工場だったが、部分的な損害をあたえただけに終った。これもマーカー投下が不正確だったためである。この作戦には四発重爆撃機520機が参加してテスト場に爆弾1,875トンを投下し、40機喪失の損害を受けた。地上で735名が死傷し、そのうちの213名は強制労働者だった。この爆撃作戦は開発プログラムを挫折させるという主目的を達成することができなかった。死者の中に含まれた主要な技術者は2名のみだった。しかし、副次的な目的、製造工場に対する爆撃は部分的に成功した。

※註1：国防軍(ライヒスヴェーア)は1919年に創設されたドイツの国軍。ヴェルサイユ条約により陸軍10万名、海軍1万5000名に制限され、航空部隊の保有は禁止された。ヒットラーが政権を握った後、兵力制限なし、陸海空3軍を持つ国防軍(ヴェーアマハト)に転換した。

※※註2：パリ砲は第一次大戦中、1918年3月23日～8月5日の間、ドイツ軍がパリを砲撃した口径23cm、砲身長36mの長距離砲。パリの北約100kmの森林の中で数条の線路の上に砲架と支持架が組み上げられ、通常は敵機に発見されるのを避けるために樹林の中に隠され、発射時には上が開けた区画に機関車で押し出された。「ベルタ砲」とも呼ばれ、合計7門によって合計300発以上が発射され、パリ市民に恐怖を振り撒いた。

A-4の生産
A-4 Production

ドルンベルガーは陸軍の管理下にあるペーネミュンデの工場でA-4を生産したいと望んでいたが、A-4生産プログラムの責任者、ゲルハルト・デゲンコルプはそれに反対した。問題が多かったドイツの機関車製造産業の整理を完了した後、この任務についた人物

この写真にはA-4のロケット・エンジンの全体が詳細に写っている。1945年にトンネル工場群のひとつで米国陸軍の部隊によって撮影された。主排気チェンバーの上と下とに見えるパイプはターボポンプの排気口である。(NARA)

である。最初、デゲンコルプは3カ所の別々の工場でA-4を生産するように計画を進めていたが、ペーネミュンデ爆撃によって、これらの通常の工場が航空攻撃に対してどれほど脆弱であるか明らかになった。その結果、ペーネミュンデ工場はパイロット生産工場に格下げされ、テスト用の少数のA-4ミサイルだけの製造を継続することになった。既にA-4生産に当たっていた他の工場はミサイルの部分生産を続けるが、最終的なミサイル全体の組み立てはノルトハウゼンの近くに新設される地下工場で実施することとされた。この工場は1943年9月24日に設立された政府管理下の企業、ミッテルヴェルク社が運営に当たった。

　ミッテルヴェルク社の地下工場は燃料貯蔵のための既存のトンネル・システムを基礎にして構築された。トンネルを地下工場に十分な広さに拡張する作業には、膨大な量の労働力が必要とされ、初めの内、掘削の作業の大半には近くにあるブッフェンヴァルト強制収容所の下部組織、ドーラ労働キャンプの収容者が当てられた。収容者の労働力が大量に使われたために、ヒムラーが指揮するSS（親衛隊）がA-4プログラムの中で大きな力を持つようになった。SSは強制収容所と奴隷的労働力を握っていたからである。ミッテルヴェルク社工場建設事業の権限は段々にハンス・カムラーSS少将が握るようになった。土木技師出身の彼はSS経済・管理中央局の建設部長であり、アウシュヴィッツ＝ビルケナウ、マイダンケ、ベルツェクの3カ所の極秘の「死のキャンプ」の建設で主要な役割を果たした男である。苛酷な作業と生活条件のために囚人労働者の死亡率は高く、1944年1月までに死亡者は3,000名に達した。キャンプにはヨーロッパ全体にわたる様々な地域の人々が雑多に集められていたが、収容者の多くはロシア人とポーランド人とフランス人だった。ドーラ・ミッテルヴェルク・キャンプに送り込まれた囚人は6万名ほどだが、その内の三分の一は疾病、飢餓、処刑、そして1945年の春の撤退の際の「死の行進」によって死亡した。その内の約1万名の死はA-4製造に関連している可能性がある。それに加えて、A-4に関連する他の施設で5,000名の強制労働者が死亡している。つまり、A-4製造に関連して死亡した者の数は、A-4が戦闘に使用されたために殺された人々の数の3倍に達するのである。

　最初の5基のA-4ミサイルは1943年12月31日にミッテルヴェルク工場で完成したが、あまりに急いで組み立て作業を進めたため、すぐに工場にもどして改修を加えることが必要になった。ミッテルヴェルク工場が計画した生産率は1カ月に900基であり、1944年春までにこの目標の半分ほどまでに進んだ。しかし、実施部隊でのテストによって問題が次々に表面化すると、1944年の夏の間、生産は急激に低下し、A-4の設計に改良が加えられた後、秋に入ってから生産のピークが実現した。

■A-4ミサイルの生産数

	ペーネミュンデ	ミッテルヴェルク	合計
1944年まで	300	0	300
1944年1月	30	50	80
2月	30	86	116
3月	20	170	190
4月	15	253	268
5月	15	437	452
6月	15	132	147
7月	15	86	101
8月	15	374	389
9月	15	629	644
10月	15	628	643
11月	15	662	677
12月	5	613	618
1945年1月	0	690	690
2月	0	617	617
3月	0	490	490
合計	505	5,917	6,422

テスト・スタンドXに並んだ3基のA-4B。手前の2基はバティク風カムフラージュ塗装である。頂部の円盤は、タンクへの燃料注入前の軽重量状態のミサイルが風の中で倒れないようにする装置であり、そこから地上に係留ワイヤーが伸びているのが見える。(MHI)

V-2配備：コンクリート固めのブンカー
Deploying the V-2: defence by concrete

　1942年末までにA-4部隊の配備の最初のステップが始まった。最も重要なボトルネックはA-4の推進システムに使用する液体酸素(LOX)の供給の問題だった。LOXの生産量はドイツ自体と占領地域の合計で1日に215トンだった。この全生産量をミサイルに廻しても、1日に15基のA-4を発射するのに必要な量に過ぎなかった。LOXは工業生産に必要であり、現生産量をミサイル発射に廻すことはできないので、新しい供給源確保が必要になった。そこで、1942年10月、1日当たりA-4、15基発射に必要な量の生産能力拡大のために、新たに3カ所のLOX製造工場の建設が始められた。A-4の発射準備整備と、ロンドンに向かっての発射のために、一連の巨大なブンカー(掩蔽構造物)の建設が計画されており、新たなLOX製造施設はその計画に組み込まれた。ペーネミュンデの技術者たちは固定した発射施設が望ましいと主張した。A-4の機構は複雑であり、発射の前に広範囲にわたるテストを実施することが必要だからである。もし、ミサイルがLOX製造施設から離れた地点で発射されるとすれば、蒸発する分の補充のためにLOXは1日当たり5トンの追加が必要になり、最大発射率が低下する可能性があった。これはミサイル発射台の近くにLOX製造施設を配置することの利点のひとつと

連合軍の爆撃によってワッタンのミサイル・ブンカーが計画通りの形に完成するのは阻止され、小さな部分だけが出来上がって液体酸素製造に使用された。1944年の夏、パ＝ド＝カレー地区が英国陸軍第21軍集団によって攻略された時に、その工場は放棄された。(NARA)

考えられた。

　ドルンベルガーを始め陸軍の砲兵科将校たちは、固定発射施設方式を支持しなかった。この種の施設はただちに連合軍の航空攻撃を招くことになると恐れたためである。彼らが主張したのは、敵の航空偵察に探知されるのを避けるために次々に配置場所を変える機動野戦部隊に発射台を配備する方式だった。陸軍がこれを主張したにもかかわらず、ヒットラーは1943年3月29日にブンカーに配備する方式に承認をあたえた。最初のブンカーは「北西部発電所」（オーバーバウラィントゥング・ノルトヴェスト）という秘匿名の下に、パ＝ド＝カレー県のワッタンに近いエペルルコックの森林の中に建設された。建造物の規模は長さ80m、高さ25mだった。1943年7月7日にヒットラーの総統司令部での会議で、ドルンベルガーとシュペーアがワッタンのブンカーのモデルと共に、提案されている移動式A-4発射台のモデルを提示した。ドルンベルガーが移動方式発射台を主張する理由を改めて説明すると、ヒットラーはこの方式は敵の航空攻撃に対して脆弱だと反論した。ヒットラーはフランスの大西洋岸のブレスト軍港に建設されたUボート収容のためのブンカー群と同様、A-4用のブンカーも絶対的に頑丈だと信じていた。その上に彼はいった──「ブンカーに爆弾が1発投下されるたびに、ドイツ本土に投下される爆弾が1発少なくなる」。総統はワッタンのミサイル発射基地に続いてもっと多くのブンカーを建設せよとシュペーアに命じた。

　ワッタンのブンカーはA-4　34基を収納することができ、施設内の工場で製造されるLOXによって1日に4基を発射することができ、基地外からのLOX補給があればもっと発射基数を増すことができた。8月までにこの建設現場には4,000名の労働者が投入され、連日24時間連続の工事作業が続けられた。連合軍の情報部門は1943年5月にこの建設工事を察知し、夏までにはこれが秘密兵器と関連しているとの疑いを持った。しかし、土木技術者のアドバイスにより、主要部のコンクリート流し込みが終った後、それが乾燥する前の時期まで航空攻撃実施を延期した。1943年8月27日、187機のB-17重爆撃機がワッタンの建設現場を爆撃し、その後には砕かれた型枠、よじれた鉄骨、そして崩れたコンクリートの塊が入り混じって一面に拡がっていた。ドイツの準軍事的な建設作業組織、トート機関は調査の結果、ブンカーを計画通りに再建するのは不可能との結論を出した。しかし、損害を受けていない壁の一部を使って、隣接地に新しい小規模なLOX製造用のブンカーを建設することができると判断した。航空攻撃によって破壊される可能性を最低限にするために新しい建設テクニックが案出された。重量3,000トンの屋根を地面の上で一枚板として固め上げ、それからジャッキで持ち上げて所定の位置に据えたのである。その後も爆撃を受けたが、この新しいブンカーは見事に完成した。

　1944年5月30日、RAFの第617飛行隊が6トンの大型爆弾「トールボーイ」によって爆撃し、このブンカーは通常の爆弾に対して不死身であることが明らかになった。この特殊爆弾1発が命中し、数発の至近弾があったが、ブンカーの構造は打撃に耐えた。

ワッタンが爆撃によって破壊された後、ウィヅェルンの石灰岩採取場で2つ目のミサイル・ブンカー・コンプレックスの建設が始められた。発射準備区画の上のコンクリートのドームは、画面の左下の隅に見える通気トンネルと共に完成した。しかし、度重なる連合軍の爆撃によって全体の完成は阻止された。この遺構は博物館として維持保存されている。(NARA)

 次に米国陸軍航空軍(USAAF)が攻撃に乗り出した。彼らは耐用時間を超えたB-17数機に爆薬15トンを搭載し、遠隔操縦飛行爆弾「アフロディテ」に転換した。乗員2名が「ベビー」アフロディテを操縦して離陸させ、飛行コースにつかせ、信管を作動可能状態にセットした後、落下傘で脱出降下する。そこで「マザー」機——改造されたB-34ヴェンテュラ爆撃機——が操縦を引き継ぎ、無線誘導によって目標に突入させる。8月4日、ワッタンを含む4カ所のミサイル施設に対し4機のアフロディテによる攻撃が実施されたが、効果は無かった。8月6日、アフロディテ2機によってワッタンを攻撃したが、やはり効果は無かった。その後、この攻撃プログラムは突然に打ち切られた。後に大統領となったジョン・F・ケネディの兄、ジョセフ・ケネディが操縦するアフロディテが、離陸して上昇中に空中で不意に爆発し、英国本土内の基地の周辺、直径8kmにわたって家屋の損害が拡がったためである※※※。ワッタンのミサイル施設は1944年9月6日にカナダ軍の部隊によって占領された。

※※※註3：ケネディは海軍大尉であり、乗っていたアフロディテはPB4Y-1。彼の機爆発事故は8月12日だったが、アフロディテを使った攻撃は1945年1月1日まで続けられた。

 ワッタンのブンカーに対する最初の爆撃によって、トート機関は周辺の他の発射施設建設のために別の方式を考えねばならなくなった。1943年9月、ウィヅェルン(ワッタンの南14km)の近くの石灰岩の石切り場が選ばれた。石切り場を見下ろす丘を100万トンのコンクリートで固めてドームに変え、その下を掘削して発射準備区画を造るように計画された。この区画とつながって、ミサイルと補給物資を備蓄するために「ミミズの巣穴」（レンゲンヴルムラガー）と呼ばれる一連のトンネルが構築される。ミサイルは燃料搭載と最終点検を終った後、2本設けられるトンネルの内の一方を通ってドームの外の石切り場まで牽引されて行き、そこから発射されることになっていた。このブンカー複合体に近いロクトワールには、ミサイルの精度を向上させる支援のためのラジオ・ビーコン発射装置が配備された。1943年11月にはウィヅェルンで建設工事が開始され、連合軍側はこれも秘密兵器用の施設であると推測し、1944年3月に航空攻撃をかけ始めた。1944年7月17日、RAF第617飛行隊がトールボーイを投下した。3発はドームの外周、1発はドームの下部に落下し、1発はドームの内側と外を結ぶ2本のトンネルの一方の出口に落下した。ドーム

自体は破損しなかったが、巨大な爆弾による打撃は大きく、その損害によって工事は途中放棄に追い込まれた。

　1943年8月にシェルブール半島のソットヴァストとエクユルドレヴィルの2カ所でブンカー建設が開始された。これらはオリジナルのワッタン方式と同様な発射施設ブンカーとして計画され、サイズは30m×200mだった。ソットヴァスト施設に対する航空攻撃は1944年2月に始まり、1944年6月下旬に米軍の部隊が半島全体を占領した時、建物は四分の一ほど出来上がった状態だった。

　ブンカーが航空攻撃を受けたため、代替のLOX製造工場が必要とされ、1943年10月にテューリンゲン州のシュマイデバッハとオーストリアのプクハイムの2カ所で建設工事が開始された。

　サイズの大きいブンカー施設に対する連合軍の爆撃により、ドルンベルガーの機動発射部隊編成の主張は勢いを増した。配備計画は変更され、固定的な「ブンカー」大隊1個と機動大隊2個の編成が承認された。トート機関はA-4ミサイル計画に参画する特権的な立場を維持しようと努め、機動大隊のための一連の小規模な発射施設の建設に取り組んだ。その内容は発射の台座となるコンクリート固めのハードスタンド、支援用車両を収納する防護壕、発射操作のための目立たない建物数棟の組み合わせである。こうした施設はいくつもシェルブール半島内で建設され始めたが、1944年6月6日にノルマンディに上陸した連合軍が数週間の内に半島全体を制圧したため、実際に使用されることなしに終った。

シェルブールの南13kmのソットヴァストで建設が始められたミサイル・ブンカーは、ワッタンのブンカーと同様な型として計画されたが、連合軍の航空攻撃による損傷を最小限に抑えようとする新たな構造テクニックが用いられた。1944年6月、ノルマンディに上陸した米軍部隊がこの地域を占領した時には、ブンカーはこの写真に写っている部分が出来上がっていただけだった。(NARA)

開発上の問題
Development problems

　フランス内で発射施設の建設が進められる一方、最初のミサイル部隊の訓練がペーネミュンデで開始された。第444訓練・実験砲兵中隊（レーア・ウント・フェアズッフス・バッテリ）が1943年7月に主テスト・センターの近くのゲズリンで編成された。しかし、1943年8月にペーネミュンデが爆撃された後、中隊はもっと安全なハイデラガーの武装SSの訓練場——ブリズナに近い元のポーランド軍の砲兵射撃場——に移動した。1943年11月5日、第444砲兵中隊はA-4ミサイルの初期生産型の野外発射を開始した。先行生産シリーズのA-4 300基はA-4Aと呼ばれ、1943年にペーネミュンデのパイロット工場で製造された。それに続いてシリーズ生産型、A-4Bが製造され、この型には設計を単純化、合理化するための改良が加えられた。

　訓練発射では大失敗が続出した。発射のすぐ後にエンジンが停止し、ミサイルが倒れて発射パッドが破壊されることが何度もあった。正常に離昇し始めた後、頭上で爆発することもあった。最も注目されねばならなかったのは航続距離一杯まで飛んだミサイルの空中損壊だった。これらの大半は飛行の最後の段階の降下に移った時に弾体が破壊したのである。A-4が実戦可能になっているはずだと想定されていた時期、1944年3月の末までに、ブリズナで57基のA-4が発射されたが、その内で実際に飛行状態に進

連合軍の情報機関が初めてV-2をかいま見ることができた機会のひとつは、このV-2のエンジンの写真である。1944年6月にテスト発射された1基がたまたまスウェーデン領に墜落し、同国はそれを調査した。その結果、作成された技術報告書が連合軍側の手に入り、この写真はその中に含まれていた。この写真と報告書については大戦後も長期間にわたって秘密にされていた。スウェーデンの中立性の問題にかかわっていたからである。(NARA)

んだのは26基に過ぎなかった。そして、実際に地上に到達したのは7基、その内で目標地区に到達したのは4基のみだった。弾頭と一体のままで地上に落下したミサイルは1基もなかった。いずれも最終降下の際に空中で分解したのである。飛行の最終段階のミサイルの状態をモニターする適切なテレメトリー装置はなく、落下地域で地上から追跡監視する電波システムもなかったので、空中分解の原因は謎のままだった。

　最初、熱に関連した構造破壊が問題ではないかと推測された。液体酸素タンクの超低温と、降下最終段階の高温が組み合わされ、破壊の原因が生じると考えられたのである。A-4は発射後、宇宙の外縁の超低温の中に上昇し、それから一瞬の後に高速度での降下に入り、胴体は805度Cの高熱に曝される。この問題を解決するために、1944年4月に生産に入った新型、A-4Cでは、燃料タンクをファイバーグラスによって断熱する改良が加えられた。この改良の結果、破壊発生の率はやや低下したが、問題解決には至らなかった。最後には強度強化のためのリング、「錫のズボン」が前部に装着された。1944年8月30日には、この改良型A-4Cミサイル80基を使う発射テストが開始され、その結果、「ティン・トルーザー」は効果があったことが明らかになった。その間にソ連軍の戦線が西へ進んで来たので、テストの場所は北西方に移動し、テストの最後の部分はポーランドのトゥチョラ森林の中のハイデクラウト基地で行われた。

　レジスタンス組織、ポーランド国内軍は様々なテスト飛行をモニターし、英国の手に渡すためにミサイルの一部や破片を手に入れようと努めた。1944年の5月の末、ワルシャワの東、ブグ河の近くにA-4がかなり完全に近い状態で墜落し、ドイツ軍の回収チームが発見する前に国内軍によって確保された。英国の情報部はこのミサイルを精査したいと望んでいた。彼らはミサイルが無線操縦方式だと推測し、そうであるならばその装置を電波妨害で狂わすことができると考えていたためである。7月25～26日の夜に1機のRAFのC-47ダコタがイタリアのブリンディシからポーランドに飛ぶ冒険的な任務に送られ、重要な部品とポーランド人の技術者が作成した書類を受け取って来た。間もなく連合軍側がA-4を調査する次の機会が訪れた。1944年6月13日、ペーネミュンデで発射された1基がスウェーデンに墜落したのである。スウェーデン人たちはミサイルについて技術的レポートを作成し、秘密裡に連合軍側に提供した。そして、英国と米国の大使館付き航空担当武官は1944年7月6日にミサイルを査察することを許され、その後に部分品を入手した。しかし、結局、鹵獲された2基のミサイルは防御対策を開発するため

右頁上●A-4ミサイルの発射管制装甲車の最初の型。ブッシング＝ナグ HKp 905 5トン・ハーフトラックがこの型のベースである。この車輌はペーネミュンデで使用されたが、シリーズ生産されることはなかった。(USAOM, APG)

右頁下●A-4発射任務の砲兵中隊に配備された発射管制装甲車の生産型。Sd.Kfz.7 8トン・ハーフトラックの後部に装甲シェルターが取りつけられている。(NARA)

にはあまり役に立たなかった。A-4が慣性誘導システムで制御されていて、電波による妨害を受けることはなかったからである。

A-4 missile unit organization
A-4ミサイル部隊の組織

1943年の秋、ドイツ軍はA-4弾道ミサイルとFi 103巡航ミサイルの双方を1944年の春までには実戦化できるだろうと考え、野戦部隊編成に取りかかった。この2種の兵器はいずれも英国本土を攻撃する目的で計画されたものなので、陸軍の参謀本部は混成の組織、第65陸軍特別任務兵団を編成し、陸軍と空軍の将校をスタッフとして配置した。第65兵団の司令官には元陸軍砲兵学校校長、エーリヒ・ハイネマン陸軍中将、参謀長にはオイゲン・ヴァルター空軍大佐が任命

された。兵団は1944年の初めにフランスのサン=ジェルマンに司令部を設置したが、A-4プログラムは問題が続いていたので、Fi 103/V-1巡航ミサイルの配備作業に全力を傾けた。最初、陸軍ミサイル砲兵中隊全部はドルンベルガー——1943年9月1日付でA-4開発プログラム責任者の職を解かれ、陸軍ミサイル指揮官に任じられていた——の指揮下に置かれた。しかし、ポーランドでA-4のテスト発射のひどい失敗が重なっていたため、ドルンベルガーはフランスにある兵団司令部を離れている日が多かった。ハイネマン中将は未成熟なミサイル砲兵中隊の状態に不満を持ち、野戦砲兵部隊指揮官としての経験が深いリヒャルト・メッツ少将をドルンベルガーと交替させ、ドルンベルガーはA-4ミサイル計画の技術的な分野の責任者の職に専念することになった。新任のミサイル指揮官はこの革命的な新兵器を実戦で運用することがどれほど難しいかを痛感し、作戦運用方式をできる限り単純化することに取りかかった。

　1944年の初め、A-4の部隊はケズリンの長距離ミサイル学校、ブリヅナでテスト発射に当たる第444砲兵中隊、シュナイデミュールの第271補充・訓練砲兵大隊の3つの組織で構成されていたが、その後に発射大隊3個が編成された。1943年9月にグロスボルンで編成された第836砲兵大隊、1943年11月にナウガルトで編成された第485砲兵大隊、1943年12月14日に編成された第962砲兵大隊であり、いずれも自動車化部隊だった。メッツ少将は1944年3月の末に最初に2つの大隊を視察し、痛烈な報告書を書いた。第836砲兵大隊の指揮官は「役立たずで、怠け者で、おしゃべりで、尊大で、馬鹿者であり」、第485の指揮官は「その職責に堪えない」と酷評したのである。この2つの大隊は人員不足がひどく、3番目の大隊を解隊して、その人数が穴埋めに転用されている状態だった。両大隊とも5月になってやっと実際の発射装置が配備され、訓練はその間遅れたままだった。メッツは部隊の訓練の惨めな状態とA-4ミサイルの完成の域にはまだほど遠い技術的状況にひどく落胆し、前線での実戦部隊指揮の職にもどしてほしいと申し出た。一方、ヒットラーがこれらの新兵器に強く注目しているのを見て、SS最高司令官ハインリヒ・ヒムラーは武装SS自体のミサイル部隊設置を命じ、1944年の春にSS第500砲兵大隊が通常の野戦ロケット発射機からA-4発射装置への装備転換を開始した。

　連合軍のノルマンディ上陸成功と、A-4の実戦化の遅れによって、シェルブール周辺とパ=ド=カレー地区でのA-4発射施設建設の努力はすべて水の泡となった。連合軍がこれらの地域のA-4ブンカー複合体をすべて占領したのは9月の初めになってのことだったが、ヒットラーは7月17日にワッタンの発射施設を放棄することを承認した。同時に、ウィヅェルンのブンカーを液体酸素製造施設のみに縮小することと、発射大隊が爆弾に耐える強度を持ったシェルターからA-4を発射することができる新しい施設3カ所

発射管制装甲車はミサイル発射台から100m離れ、低い防護堤の内側に配置することがマニュアルで指示されていた。発射台の近くでミサイルが爆発した時に、管制要員に被害が及ぶのを避けるためである。これはソ連軍の要員がその指示通りに車輛を配置した実例である。1947年、カプスティン・ヤールで行なわれたテスト発射の際に撮影された。(A・アクセノフ)

を、もっとドイツ国境に近い位置に建設することも承認した。しかし、これらの施策は実際の戦局の動きに追い抜かれてしまった。1944年7月下旬に連合軍はノルマンディ周辺戦線で長く続いていた対峙状態を破って進撃に移り、8月末にはセーヌ河を渡り、パリを解放して北東方向への急進撃を始めたのである。

　1944年7月20日のヒットラーの暗殺未遂事件の後、ミサイル兵力の組織構造は完全に変化した。ヒットラーは国防軍の上層部に対して病的な妄想を持つようになり、彼らを一切信頼せず、彼の奇蹟の兵器を彼らに任せまいとするようになった。ヒムラーとSSはミッテルヴェルク社の生産体制を支配することにより、特権的なミサイル計画全体を掌握しようと既に動いていたが、ペーネミュンデにおける開発活動の全体を支配するまでには至っていなかった。既にミッテルヴェルク社を支配する地位にあったハンス・カムラーSS中将は、1944年8月にV-2作戦運用についてのSS特別コミッショナーに任命され、段々にミサイル部隊の戦術的指揮権を握って行った。彼は既存のA-4部隊全体を2つの地域コマンドに再編成した。第836砲兵大隊を中心とした南部グループ(グルッペ・ズュート)と、第485砲兵大隊とブリヅナでのテスト発射の任務を解かれた第444砲兵中隊を中心にした北部グループ(グルッペ・ノルト)である。

A-4の発射
Launching the A-4

　1944年の秋にミサイル発射作戦が始まった時期、A-4発射大隊は各々、5つのセクションで構成されていた。本部セクション、発射セクション、ラジオ・セクション、技術セクション、燃料セクションの5つである。発射セクションは3個中隊で構成され、各中隊にはマイラーヴァーゲン輸送・起立操作用トレーラー3輌、ボーデンプラッテ発射台1基、発射管制車輌1輌が配備さていた。1個中隊の兵員39名は発射管制、調査・調整、エンジン、電気装置、車輌/トレーラーの5つのチームに分かれていた。ラジオ・セクションは大隊の通信・連絡と、発射中隊の配置地点を決めるための状況調査を担当した。技術セクションの任務は鉄道補給地点で貨車からミサイルを降ろし、搬送の準備を整え、発射地点まで輸送することだった。このセクションはA-4ミサイル輸送用のマイラーヴァーゲン1輌当たり3輌のフィダル・トレーラーを配備されており、1個大隊のこのトレーラー保有数は27輌だった。燃料セクションの下には3つのチームが置かれ、各々液体酸素、アルコール、過マンガン酸塩ナトリウム(Z-シュトフ)を担当していた。1個大隊にはLOXトレーラー22輌、アルコール・タンク装備トラック48輌、過酸化水素トレーラー4輌、ポンプ・トレーラー4輌が配備されていた。

　発射の過程はミサイルを列車で発射地点の

A-4ミサイルは移動可能な発射スタンドの上に垂直に立てられて発射される。そのスタンドは2車輪のトレーラーに載せられ、発射位置に牽引されて行く。この写真では発射管制装甲車によって牽引されているが、これは標準的な作業の進め方ではない。(NARA)

近くまで輸送することから始められた。技術セクションがデ・フリーズ/シュトラボ16トン・クレーンを使ってミサイルを列車から降ろした。ミサイルはフィダル・トレーラーに搭載され、発射地点に近い整備場まで牽引されて行き、そこで整備・点検を受けた。A-4の現地部隊マニュアルには、ミサイルは卵と同様にできる限り優しく取り扱うようにと輸送・整備要員への注意が書かれている。乱暴に取り扱えば燃料ラインやデリケートな部分を損傷し、ミサイルが使用不能に陥る恐れがあると説明されている。ミサイルは弾頭無しの状態で送り込まれ、別に送られて来た弾頭は通常、整備場で取りつけられた。技術セクションはミサイルに必要な点検を実施し、それが終了するとミサイルは輸送・起立操作トレーラーに搭載される。搭載作業には再びシュトラボ・クレーンが使用された。このトレーラーの正式呼称はFR＝アンヘンガー (S) だったが、一般的には製造会社の名の通りマイラーヴァーゲンと呼ばれた。液体酸素は特別な断熱タンク車で運ばれ、それより小さい断熱トレーラーに移された。

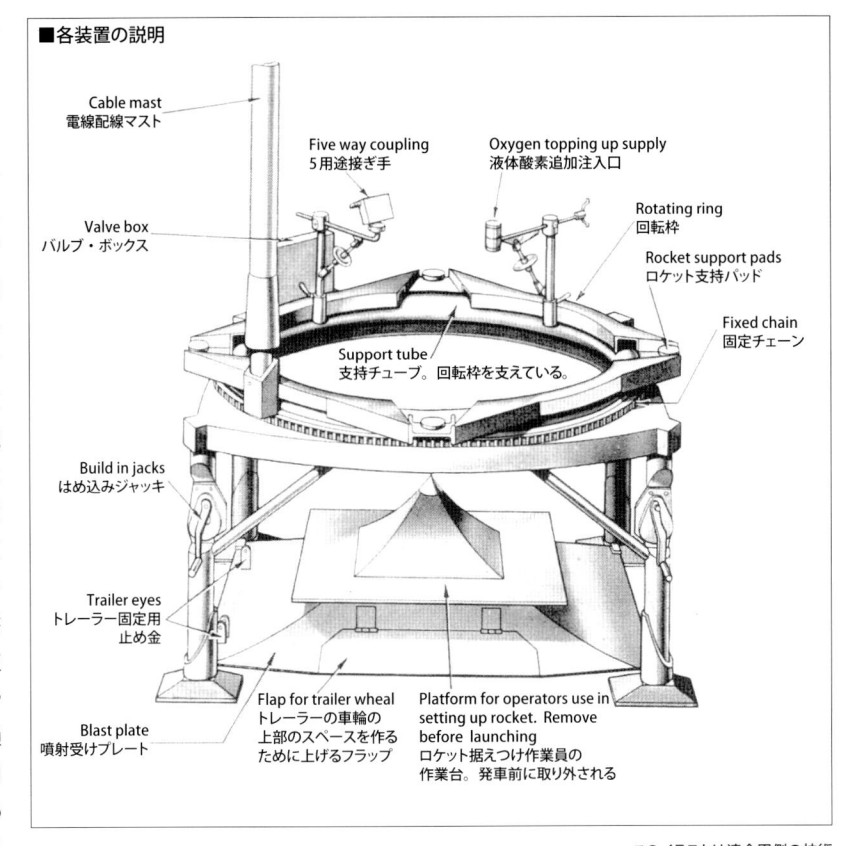

　マイラーヴァーゲンに搭載されたミサイルは調査済みの発射地点に牽引されて行った。発射地点の理想的な条件は両側に樹木が茂った道路だった。ミサイルを起立させ、燃料を注入し、発射するまでの長い作業の間、樹木のカムフラージュが必要だったからである。発射地点に到着すると、2輪のセミ・トレーラーに乗せられているボーデンプラッテ発射台が、マイラーヴァーゲンのすぐ後方に降ろされる。この態勢が整うと、ケーブル・トレーラーと電源トラックが近くに移動して来て、ミサイルとトレーラーに電線が接続される。マイラーヴァーゲンに電力が送られるとミサイルの起立操作が始まり、12分間で発射台上に起立する。マイラーヴァーゲンは燃料注入作業の間、そのままの位置に留まっている。起立操作のためのアームには梯子が取りつけられていて、これが点検作業の足場として使われるからである。燃料注入が終わると、マイラーヴァーゲンは牽引されてミサイルから少し離れ、ミサイルの周囲に作業足場が拡げられる。電気技術者たちは足場に登り、コントロール・コンパートメントのハッチを開いて、地上と繋がったケーブルのプラグを差し込んだ。ここまでが準備作業の前半の部分である。それが終わると電源トラックとコントロール車輌を除いて、発射準備関係の30輌ほどの車輌とトレーラーは発射地点の周辺の待機場所に移動して行った。

このイラストは連合軍側の技術情報レポートから転載したもので、これによって発射台の詳細と各々の装置の機能を知ることができる。上部の枠の上に垂直に立ったミサイルは、燃料注入作業の際に枠と一緒に回転させることができる。（MHI）

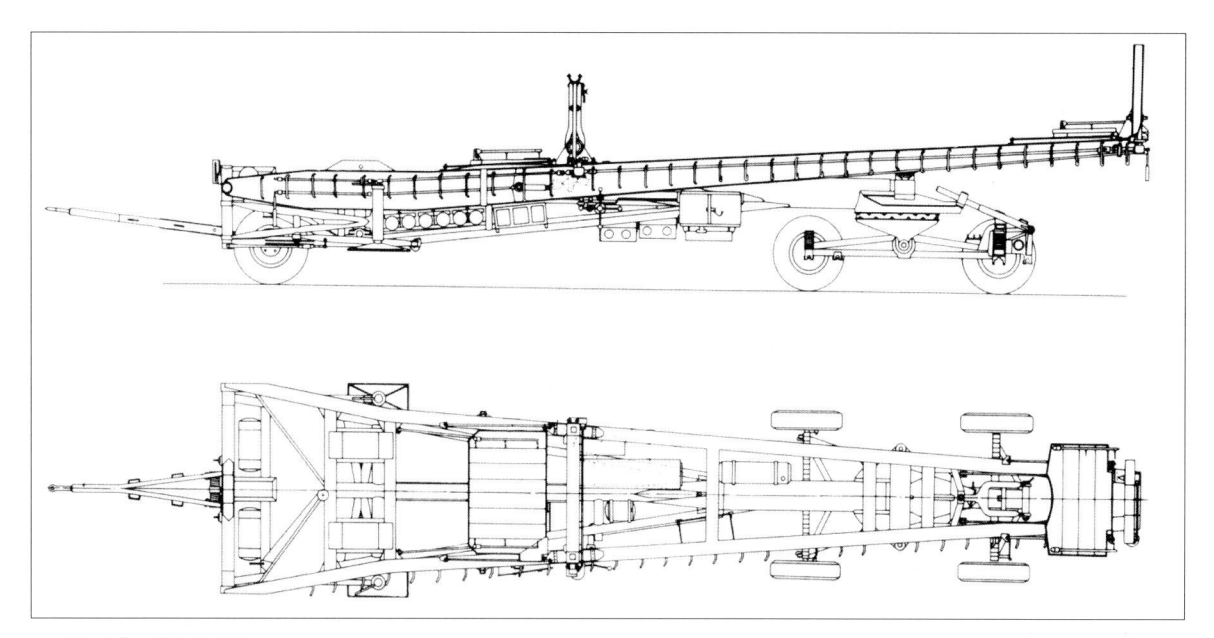

この輸送・起立操作用トレーラーの正式の呼称はFR-Anhänger（s）──貨物トレーラー（特別任務）──だったが、普通は製造会社の社名から出た呼び名、マイラーヴァーゲンが広く用いられた。(MHI)

　発射台の上に立ち、2輛の車輛とケーブルで繋がっているミサイルは予備的テストを受けた。ミサイルが工場から送り出された後、燃料漏れの可能性が発生していないことを確認するための燃料タンクのドライ・パージなどである。グラファイト製のコントロール小翼（ヴェイン）のようなデリケートな組み立て部品がミサイルに取りつけられ、保護用のカバーが取り外された。ミサイルの整備・点検が終わると、燃料を搭載したトラックとトレーラーが、ミサイルの周囲で標準的なパターン通りの位置についた。メチルアルコールを主燃料タンク一杯に注入するためにはタンク車2輛が必要であり、作業時間は10分だった。液体酸素をトレーラーからミサイルに搭載する作業は、発射準備の中で可能な限り遅い時期に行われた。ミサイルの中で液体酸素が蒸発する量を最小限にとどめるためである。アルコールと液体酸素を燃焼室に送り込むために使われるターボポンプ自体にも、それを作動させるための燃料、過マンガン酸塩ナトリウムと過酸化水素が必要だった。燃料搭載作業が終了すると、ロケット・エンジンの燃焼室の下部に電気点火装置が装入された。燃料搭載作業の間、整備要員1名が胴体上部の誘導装置点検口まで登って行き、フェルティカント慣性誘導装置と飛行制御システムに作動信号を送る電気ケーブルを接続した。

　燃料搭載と準備作業が完了すると、マイラーヴァーゲンのアームは下げられ、トレーラーは牽引されてこの場から離れて行った。同時に補給用車輌はいずれも発射地点から離れた安全な場所に移動した。発射準備の最後の作業は発射台の最終的な調整だった。砲兵が使用する普通の経緯儀を使って、ミサイルの飛行方位が適切であるかを確認する作業である。これが完了すると発射指揮官は「X-10」──発射時刻10分前──を告げる。ミサイル発射準備に要する時間は4〜6時間であり、その内の最後の90分間がミサイルを発射台上に起立させ、燃料を搭載する作業に当てられていた。燃料搭載までの過程を終ったミサイルの内、15パーセントは装置類の不調、または液体酸素による結氷の問題によって発射不能に終った。

　フォイエルライトパンツァー発射指揮車はSd.Kfz.7ハーフトラックの後部に装甲シェルターを搭載した車輌であり、ミサイル発射台から100〜150m離れた位置についた。時間の余裕があれば防護用の土手が築かれ、その後方に配置された。こうした防護策は、

ミサイルが発射台の上で倒れて爆発する事故が発生した際に、指揮車の乗員を保護するために考えられた。初期のA-4ではこの種の事故は珍しいことではなかった。指揮車のシェルター内の乗員は4名、発射指揮官、またはその副官と、ラジオ・パネル担当、推進装置担当、推力制御担当のエンジニアたちである。装甲シェルター内の3面のコントロール・パネルをエンジニアたちが監視し、すべてのシステムが正常に機能していると確認した後、発射カウント・ダウンが始められた。発射に至る手順はターボポンプの始動からスタートした。これによって液体酸素とアルコールが燃焼室に送り込まれ、そこで回転電気点火装置によって点火された。この段階でエンジンが発揮する推力は8トンであり、離昇にはまだ不十分だった。そこでロケット・エンジンが正常に作動していることが確認されると、推力全開にスイッチされ、ミサイルは発射台から離昇し始めた。

　発射された後、A-4のロケット・エンジンは55秒間作動し続けた。方位とピッチのコントロールはエンジンの燃焼室の下に取りつけられたグラファイト製小翼により、横転と偏揺れは4枚の安定板の下部の舵面によって飛行状態が微調整された。A-4ミサイルにはロレンツ・ライトシュトラールシュテルンク――電波受信装置のひとつの型で、自動操縦装置と接続されるもの――を装備するための構造が造り込まれていたが、この装置が実際に装備されたのは生産の最後の四分の一のミサイルのみだった。ひとつの地上施設からペアの電波を発射し、2つの電波が重なれば正確な方位指示の信号になるシステムが、A-4開発の早い時期から計画されていた。ミサイルの安定板から曳かれたアンテナがこの電波を捉え、この方位調整のデータが上昇中のミサイルの飛行制御システムにインプットされ、命中精度を高めるはずだった。しかし、地上施設が実動したのは1945年1月になってからであり、このシステムを定常的に使用したのは装備の上で特別扱いを受けていた第500SS砲兵大隊のみだった。

　A-4の射程距離はエンジンの燃焼時間の調整によって変えることができた。1944年の

このKessel-KW.3500 1. B-Stoff（Kessel：タンク車）は燃料注入作業の際にアルコールをミサイルのそばまで輸送するのに使用されたタンク車である。これは空軍が飛行場内での給油に使用した標準的なオペル社製の3トンのKW.Kfz.385タンク車をベースにしたものである。（NARA）

このKessel-KW.2100 1. T-Stoffはエンジンのターボポンプの燃料、過酸化水素オキシダントを輸送するタンク車であり、オペル社のブリッツ貨物自動車をベースにしている。（NARA）

A-Stoff Anhänger 6は断熱構造のタンクを搭載したトレーラーであり、液体酸素を発射地点まで輸送するために使用させた。通常、車輪つきのハノマグSS-100トラクターで牽引された。（NARA）

秋に発射された生産初期のミサイルでは、機上の燃料制御システムの受信装置に向けて地上から送信される指示信号電波により、燃焼時間がコントロールされた。発射作戦後期の5カ月間は、ミサイルが特定の速度に到達すると、機体内に装備された加速度計がそれを探知し、エンジンを停止させる機構になっていた。最大射程にセットされたエンジンが停止した時、A-4ミサイルの高度は30.5km、発射地点からの距離は27.3kmだった。最大速度は172m/秒だったが、弾道の最高点に達した時には129m/秒に低下していた。A-4が最大射程距離320kmを飛ぶ場合、最高点――そこから弾道コースは下降に移る――は高度93.3kmだった。最大射程の飛行時間は5分30秒である。A-4の命中精度は現在の標準から見れば極めて低い。意図された目標からの標準的な乖離は7～17kmである。3×4マイルのサイズの目標区画に落下したミサイルは4パーセントに過ぎなかった。命中精度の低さの主な原因は、エンジンの燃焼効率の意図されていない変化であり、それがミサイルの速度に影響したのである。

　命中精度の低さに加えて、A-4は飛行失敗率が高かった。原因は小さい構成部品の問題、ミサイル内の火災、最終期降下中の弾体損壊、その他である。ミサイルの約4パーセントは発射後に正常に上昇しなかった。この事態は通常、離昇開始後30秒以内に発生した。そのようなミサイルの一部は発射台に落下したが、大半は発射地点からある程度離れた地区に墜落した。ミサイルの約6パーセントは、飛行中の弾頭の信管作動、または燃料タンクの破損と、それに伴う火災によって空中爆発した。空中分解したミサイルの比率も高い。その大半は最終期下降中に発生した。大気圏内再突入によって高熱が発生し、そのために弾体損壊に至ったり、軸線のぶれが始まり、それが全体の震動を惹き起こし、空中分解に進んだりしたのである。しかし、後者の場合の一部では弾頭は破損せず、地上に落ちて爆発した。ロンドンに向けて発射された1,152基の内、市内またはその周辺に落下したのは517基に過ぎず、命中確率は45パーセントに達していない。目標地区上空に到達したミサイルは、秒速1,290m、音速の大体3倍の高速で地上に落下した。

　弾頭は衝撃信管の作動によって爆発するタイプだった。弾頭に充填されていたのは成形された60/40アマトール爆薬であり、砲弾の類の炸薬としては最も爆発力が低いものだった。この爆薬はミサイルが大気圏に再突入した時に発生する高熱に反応する可能性が比較的低いために、設計技術者たちはこれを選ばなければならなかった。弾頭の信管は極めて感度が高く、連合軍の兵器調査チームが確認したA-4の弾頭不発の例は2件のみだった。開けた土地にミサイルが落下すると、弾頭の爆発と高速落下のインパクトが一緒になり、深さ10m、直径12～15mの巨大な弾孔ができた。ミサイル命中によ

A-4発射任務の砲兵中隊の標準的な装備のひとつは、このフリーズ/シュトラボ16トン起重機である。これは鉄道貨車からミサイルを取り降ろす作業を始め、多くの重量物取り扱いに使用された。(A・アクセノフ)

る建物の損害は建物のタイプと構造によって異なるが、典型的にはミサイルは建物の全体を貫通し、建物の下の地面に達して爆発を起こした。

ペンギン作戦
Operation Pinguin

A-4ミサイルの最初の実戦発射は、ブリヅナで表面化したいくつもの開発上の問題のために、1944年9月の初旬まで遅れてしまった。その頃には既にA-4は「V-2」と呼ばれるようになっていた。その後に広く知られることになったこの呼称は「フェルゲルトゥングスヴァフェ2」(報復兵器2号)という宣伝目的の呼び名を略したものである。この時期、ドイツ陸軍は連合軍の強圧を受けて全面的な後退を続けていた。連合軍は9月半ばまでにベルギーの大半を制圧し、アーヘン南方のアイフェル高原では僅かの距離ながらドイツ領に侵入していた。その結果、ドイツの勢力下にあってロンドンに最も近い地域は、ベルギーの北と東の端とオランダのみになった。最初、V-2の主攻撃目標はロンドンと計画されていたが、戦略的状況の変化に対応して、英国と並んでフランスとベルギーも攻撃対象地域に加えられた。V-2による攻撃作戦のコード名は「ピングイーン(ペンギン)作戦」とされた。

最初に実戦発射の位置についたのは第444砲兵中隊である。この中隊は9月の初めにベルギー東部のバラク・デ・フレテュール(リエージュの南南東45km)に配備され、1944年9月6日にパリを目標として2基の発射を試みた。しかし、2基ともエンジンが作動せずに失敗に終わり、周辺でベルギー人のレジスタンス部隊との小競り合いが数回発生したため、ここでの発射継続は難しくなった。中隊は10kmほど東のステルピニーとグーヴィーの間のビューリューの森林地帯に移動し、9月8日の0834時にパリを目標として最初の1基の発射に成功した。このミサイルがどうなったかは不明だが、おそらく降下中に空中分解したものと思われる。1100時に2基目のミサイルが発射され、これはパリの南東の郊外、シャラントンに落下し、死者6名、負傷者36名の人的損害をあたえた。

第444砲兵中隊に続いて第485砲兵大隊第2中隊も実戦に出た。ロンドンを目標としてA-4を発射するため、1944年9月3日にオランダ南西部のザ・

A-4Cミサイルの誘導装置の最終的な準備が進められている場面。1945年に入って早い時期に作戦発射地点で撮影された。1945年の実戦発射の時期に撮影された写真は僅かに過ぎないが、これはその1枚である。(NARA)

ハーグ周辺に移動し、同市に近いワッセナール地区からこの日の1837時、ほぼ同時に2基を発射した。ウォータールー駅の東1kmの地点を目標としていたが、1基はロンドン市内西部、チスウィック地区のステイヴレー・ロードに落下し、次の1基はロンドンの中心部から北に27km離れたエッピングに落下した。9月10日には1個砲兵中隊が新たにこの任務に加わったが、ザ・ハーグ周辺からの発射は緩いペースが続いた。発射率は液体酸素の供給の制約を受け、貯蔵中に劣化が進んで発射不能になったミサイルも少なくなかった。第836砲兵大隊の2個中隊は9月15日にドイツ西部のボンに近いオイスキルヘンで発射活動を開始した。彼らのミサイルはリールなどフランスの都市を主な目標としていた。9月16日、第444砲兵中隊はオランダ西部、ヅェーランド島のワルヘーレン地区に移動し、ロンドンに対するミサイル攻撃に加わった。

 連合軍の対ミサイル発射地点攻撃は、発射部隊が機動性を持っているため、ほとんど不可能だった。RAFは9月9日に最初の対英国発射地点、ワッセナールに戦闘機による機銃掃射攻撃をかけ、9月17日には爆撃を実施した。A-4発射部隊にとっては航空攻撃よりも、彼らの背後、オランダ南西部のアルンヘムなどの地区で連合軍が開始した空挺・地上協同作戦、「マーケット＝ガーデン作戦」の圧力の方が大きく影響した。第485砲兵大隊は、連合軍の地上部隊の脅威が迫ったと判断されたため、9月18日の夜、ドイツ本土に撤退した。ネイメーヘン（米第82空挺師団の主攻略目標のひとつ）の東隣りのベルグ＝アン＝デルにあったカムラーSS中将の司令部は、9月17日に危うく米軍の降下兵に占領されかかった。A-4発射中隊のいくつかはマーケット＝ガーデン作戦によって後退せねばならなくなり、ロンドンは数週間にわたってロケット弾攻撃の空白期間に恵まれた。ペンギン作戦のこの第1段階の間に発射されたA-4は43基、その内の26基の目標はロンドンであり、残りの17基は主にフランス内の目標に向けられた。

 カムラーは英国攻撃を諦めなかった。彼は自分の部隊の主な任務はこれだと確信していたからである。彼は第444砲兵中隊をレイステルボスに移動させた。そこからはイングランド東部のノリッチとイプスウィッチが何とか射程内に入るからである。9月23日から10月12日までの間に44基のA-4が発射され、その内の37基が英国に到達したが、その結果は僅かなものだった。第485砲兵大隊はエッセンの北70kmのブルクシュタインフルトに移動し、フランスとベルギーの都市に対するミサイル攻撃を再開した。アルンヘム周辺の戦闘が沈静化して行くと、この大隊の2個中隊の一方がザ・ハーグ周辺にもどり、10月3～4日の深夜にロンドンに対するミサイル発射を再び開始した。ペンギン作戦の第2段階ではA-4 162基が発射され、その内の52基はイングランドを目標としていた。発射率は1日当たり6.5基に増大した。

ほぼ発射準備完了したA-4ミサイル。マイラーヴァーゲンは発射を前にして既に離れており、残っているのはミサイル本体と発射台だけである。ミサイルの誘導装置コンパートメントと発射管制装甲車とを繋ぐ電線は、発射台に取りつけられたマストによって空中に支えられている。（NARA）

このA-4Cは米国陸軍に鹵獲されたV-2ミサイルの内の1基であり、後にアバディーン実験場の兵器博物館に展示された。これは弾体の先端に信管が取りつけられた実戦状態のV-2の珍しい姿を示している。
(USAOM, APG)

　10月12日、ヒットラーは、A-4を副次的な目標に対する攻撃に当てて無駄に費やしてはならないと命じた。発射はロンドンと大陸側の重要な港湾都市であるアントワープに対する攻撃に集中せよと命じたのである。ロンドン攻撃はイギリス人の戦意を挫くことが目的であるが、アントワープ攻撃には港湾施設を破壊して、連合軍が補給活動に使えないようにするという戦術的な目的があった。

　このA-4攻撃の新たな段階が始められたのに続いて、再びミサイル部隊の組織構成が変更された。カムラーのスタッフはこのような複雑な兵器を取り扱う技術的知識に欠けていた。例えば、彼の作戦担当将校は最初にミサイル部隊を配備する時にひどい失敗を犯した。用途の区別を考えず、アルコール輸送用の特殊なタンカーにガソリンを積むよう命令し、この特殊車輛多数を使用不能にしてしまったのである。今やSSはA-4プログラムを確実に握っていたので、ヒムラーは陸軍最高司令部に命じて、適切な能力を持った師団スタッフをカムラーの下に配置させ、彼を指揮官として新しい組織、Zbv師団（特別任務師団）が新編された。ミサイル発射砲兵中隊はいずれも第65兵団からこの師団に移された。この段階でカムラーの下には発射セクション24個が配置されていた。

　10月にはA-4ミサイルの発射部隊への配備輸送の方式に、二度目の変更が実施された。高い発射失敗率を下げるためである。最初の2カ月間の発射では、発射部隊に到着したミサイルの12パーセントが、貯蔵中に劣化が進んでいたため、ただちに受領不可と判定された。そして、57パーセントが整備点検された後に使用不能と判断された。その結果、ミサイルが工場から送り出された後、できるだけ早く発射されるようにする新しい配備輸送の方式──「ホット・ケーキ」システムと呼ばれた──が導入された。ミッテルヴェルク工場で製造されたミサイルを搭載した列車は先ずドイツ国内の「完全装備ステーション」に行き、そこで必要な数の弾頭、Z＝シュトッフ、その他の必要な部品や資材を積んだ車輛が連結され、それから列車は発射部隊に向かった。この方式ではミサイルは工場から送り出された後、3日か4日の内に発射されることになった。この方式が始まると、国内の倉庫に貯蔵されていた完成品のミサイル 約500基はスクラップにされたり、部品を回収するために分解されたりした。

　この体制の再編が完了すると、ミサイル発射作戦の第3段階、そして本格的な段階が開始された。北部グループはSS第500砲兵大隊と、第285砲兵大隊の1個中隊とによって補強された。これらの部隊は国内のブルクシュタインフルト附近とオランダのザ・ハー

カラー・イラスト

解説は48頁から

図版A：ドイツの初期のテスト・ロケット
A1：A-3 実験用ロケット
A2：A-5 実験用ロケット
A3：A-4V4　弾道ミサイル原型

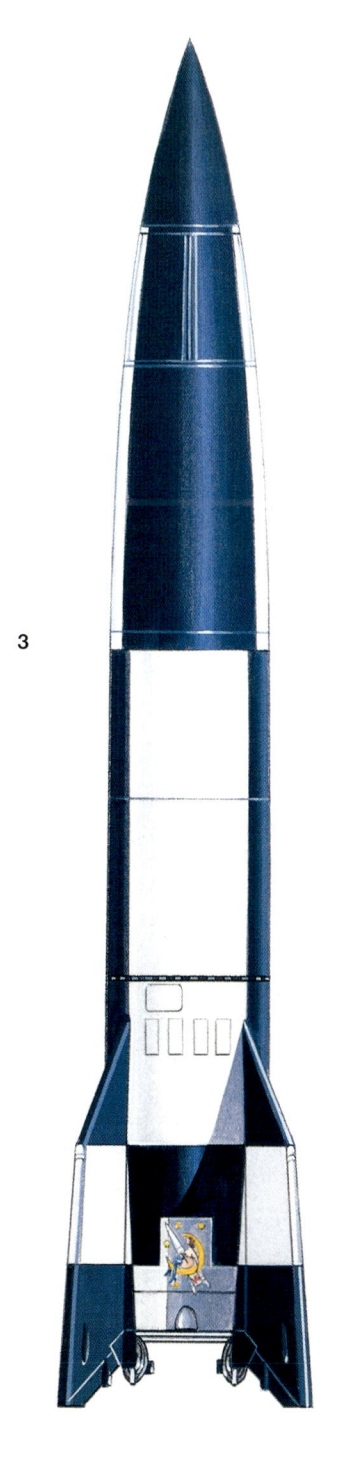

A

図版B：ヴィツェルンのミサイル・バンカー

図版C：塗装のパターン

C1：ペーネミュンデにおけるテスト後期のA-4の塗装

C2：A-4Bのバディク風カムフラージュ塗装パターン

図版D
V-2の解剖図

仕様

全長：14m
直径：3.6m（尾部の安定板）、1.64m（胴体）
発射重量：12,417kg
空虚重量：3,835kg
燃料重量：3,450kg（メチルアルコール）、
　　　　　4,955kg（A-Stoff: LOX）、
　　　　　172kg（T-Stoff: 過酸化水素）、
　　　　　13kg（Z-Stoff: 過マンガン酸ナトリウム）
弾頭：975kg衝撃信管付き炸裂弾頭
　　　（成形60/40アマトール高爆発性火薬はその内の730kg）
誘導装置：ロール、ピッチ、偏揺れ、方位の制御は
　　　　　ジャイロ付き慣性誘導装置、
　　　　　飛行距離の制御は積分加速度計による
操縦翼面：ピッチと方位のコントロールはロケット噴流の中の
　　　　　4枚のグラファイト製操縦小翼（コントロール・ヴェイン）、
　　　　　ロールと偏揺れのコントロールは4枚の
　　　　　安定板に取りつけられた舵面
エンジン：ターボポンプによって燃料を噴射する液体燃料ロケット。
　　　　　12-19秒でウォームアップ推力、
　　　　　55秒で34tの最大推力に達する
最大射程：314km
最高点：93.3km
速度：エンジン停止時点で171m/s、最高点で132m/s、
　　　大気圏再突入時で184m/s、地上落下時で129m/s。
　　　飛行時間は330秒

各部名称

1. アルコール燃料噴射装置
2. グラファイト製操縦小翼
3. 推力調整リング
4. 舵面
5. 舵面作動装置
6. 安定板。全部で4枚
7. 舵面作動サーボモーター
8. アルコール供給管
9. 主燃焼室
10. 酸素噴射口
11. アルコール供給パイプ
12. エンジン部支持フレーム
13. ターボポンプ
14. 高圧空気ボトル
15. アルコールとLOXのダクト加圧装置
16. 液体酸素（LOX）タンク
17. アルコール供給ダクトの加圧装置
18. ターボポンプに至るダクトへのアルコール給送装置
19. 胴体補強材
20. ファイバーグラス断熱材
21. アルコール燃料タンク
22. 誘導装置コンパートメント
23. 弾頭底部信管
24. アマトール高爆発製火薬
25. 雷管
26. 衝撃信管
27. アルコール加圧パイプ
28. 窒素ボトル
29. ターボポンプ用T-Stoff（過酸化水素）ボトル
30. アンテナ支持部のカバー

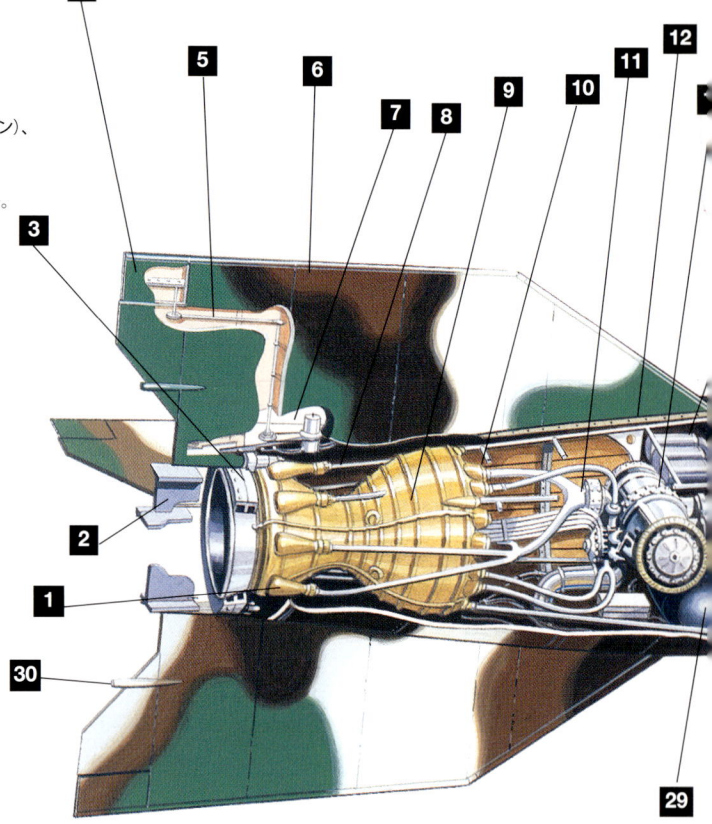

29

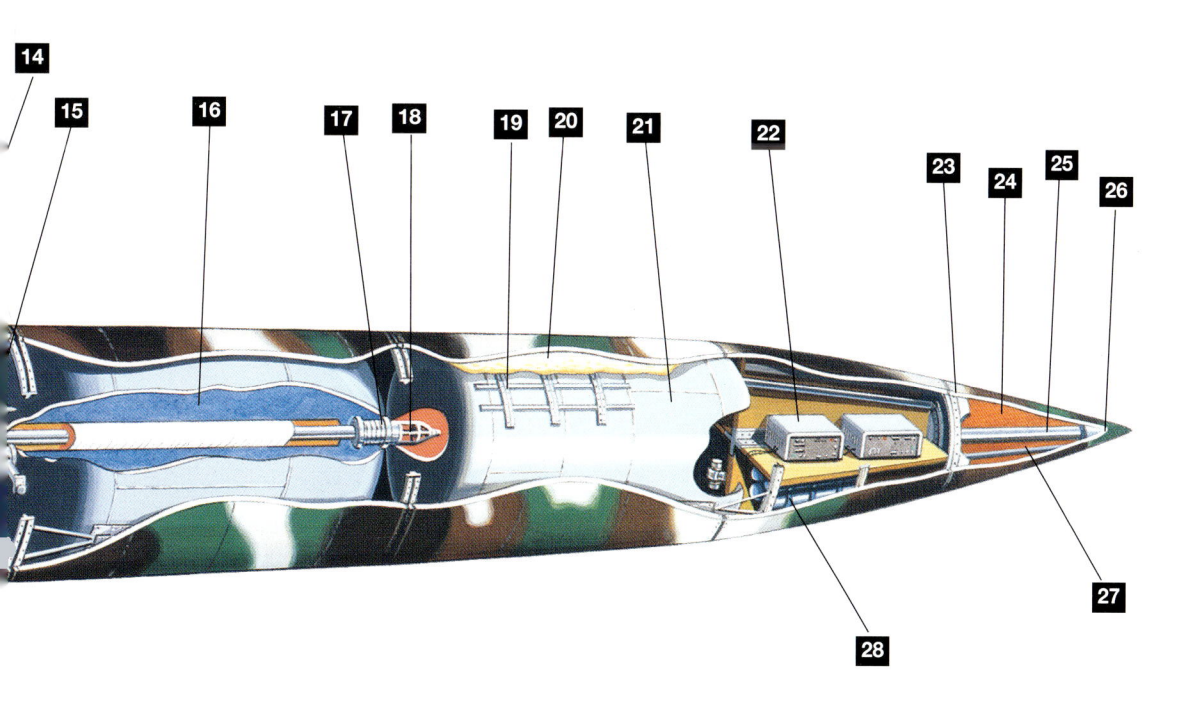

図版E：カムフラージュのパターン

E1：A-4Bの火炎カムフラージュ・パターン

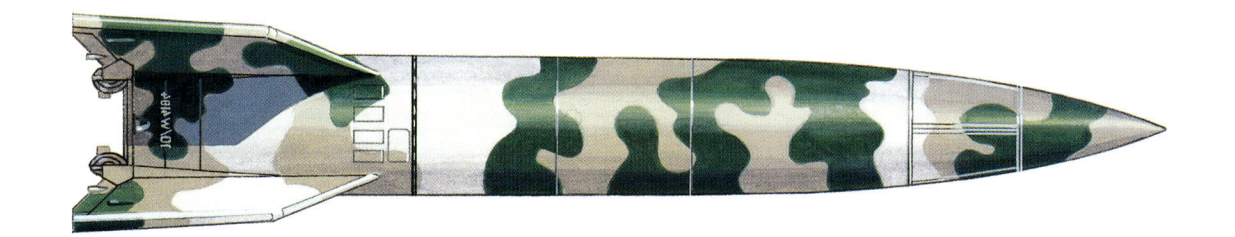

E2：A-4Bのギザギザ模様カムフラージュ・パターン

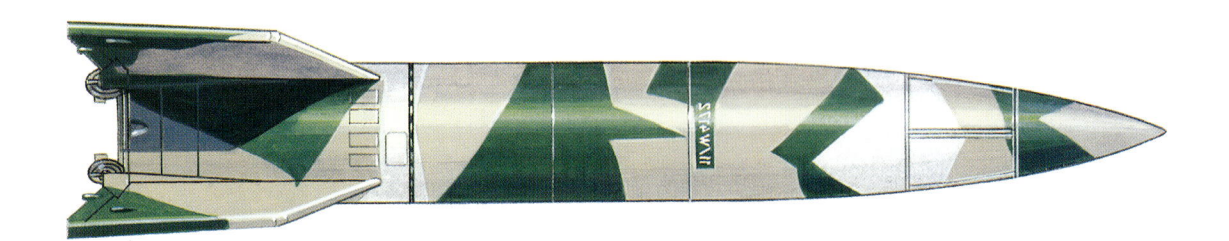

図版F：機動発射地点の作業状況

F

図版G：Feuerleitpanzer — 発射管制装甲車

グとに分けて配備され、前者の隊はアントワープ、後者の隊はロンドンを目標としていた。A-4攻撃による最悪の被害は1944年11月25日に発生した。ロンドン東部のウールワース大量販売店にA-4が落下し、一般市民の人的損害は死者168名に達した。

　この時期の南部グループは第836砲兵大隊を中心とし、北部グループより小規模だった。ザールブリュッケンの北西35km、ルクセンブルクの南東端国境に近いメルツィヒの周辺から、アントワープを目標としてミサイル発射を開始し、その後に30kmあまり北東のヘルメズキール地区に移動した。11月の末、米軍部隊の前進に対応し、第836砲兵大隊はライン河の東側への後退を開始し、液体酸素工場があるヴィトリンゲンが敵に攻略されたために、12月の大半にわたってミサイル発射数は極めて少なくなった。アントワープと、リエージェなどその周辺のベルギーの都市に対して最も激しいミサイル攻撃がかけられた時期は、アルデンヌ高原でドイツ軍が奇襲攻勢作戦を開始した時期と重なっていた。この作戦の最終目標はアントワープと計画されていた。1944年12月14日から1945年1月4日までの間、1週間当たり平均100基のミサイルがアントワープに落下した。1944年の末までにA-4ミサイル1,561基が発射され、その内の491基は英国、924基はアントワープが目標とされ、残りはフランスとベルギーの様々な都市に向けられていた。

　12月までには発射失敗の率は9パーセントまで低減し、制御システムの故障が失敗の原因の大半を占めるようになっていた。発射失敗したミサイルは発射地点とされたオランダのいくつかの町に大きな被害をもたらした。ミサイルの故障の多くは飛行の最初の1分間の内に発生し、弾体は町に落下して、ほぼ満載の量の燃料が爆発した。ザ・ハーグでは所構わずに発生する爆発被害があまりにも激しく、ドイツの民政当局がこの市からの発射を停止するようにとの意見を出したが、それはカムラーに無視されてしまった。

　1945年1月、A-4ミサイル発射部隊の組織が再び改編された。動きにくいにわか造りの組織をスムースに動くものに変えようとしたのである。第836砲兵大隊は第901特殊任務砲兵連隊（自動車化）となり、それまでの南部グループ司令部の機能を引き継いだ。この段階で同連隊は装備、兵力とも完全な3個大隊を指揮下に置くことになった。第485砲兵大隊は第902特殊任務砲兵連隊（自動車化）となり、北部グループ司令部の機能を引き継いだ。指揮下には4個大隊を持ち、その内のひとつは通常の大隊と同じ兵力に拡大されたSS第500砲兵大隊だった。

　1945年の初めにはロレンツ・ライトシュトラールシュテルング（電波誘導システム）によって、A-4の命中精度を高める試みが始められた。1944年12月28日、このシステムの誘導電波移動発射装置の車輛が最初にオランダ中部、ドイツ国境寄りのデデムズヴァールに配置された。その南25kmのヘレンドーンの市内と周辺にSS第500砲兵大隊の発射中隊が配備され、それに対応する誘導装置配備だった。この位置は3日後に放棄され、部隊は南南西15kmのヘッスムに移動して、1月の大半にわたってここで活動した。2月はA-4発射が最も激しかった月のひとつとなり、ザ・ハーグのドゥインディクト競馬場から多数のミサイルが発射された。1945年2月15日には好奇心をそそられる場面があった。市の上空をパトロールしていたRAFのスピットファイア1機が上昇して行くミサイルに接近し、実際に機銃で射撃したのである。しかし、命中弾があったか否かは記録されていない。1945年の2月と3月にはロンドンに対する発射が増大し、ピーク時には1週間当たり約60基に達した。

　オランダからのミサイル発射に対する英国の対応は慎重だった。英国政府とオランダの亡命政府の間には、民間人の死傷損害を最低限に止めようという了解があったからである。RAFはオランダのレジスタンス組織からの情報によって、LOXがオランダの8カ所

の工場からミサイル発射中隊に供給されていることを
知っていたが、攻撃したのは1カ所だけだった。他の
工場は住宅地の多い地区にあったからである。これ
は政府間了解の結果の一例である。ミサイル発射装
置は通常、樹木の多い地区内で十分にカムフラージュ
されていて、それを狙って攻撃するのは難しかった。
戦闘機攻撃を受けた発射地点で発生した兵員の死傷
者は少なかった。一方、ミサイル輸送を途中で阻止
するために、ザ・ハーグ周辺とフック・オブ・ホラン
ド地区※の鉄道・道路ネットワークに対しては、延べ
10,000機以上の戦闘機が出撃して攻撃した。この作
戦は時には成功を収めることもあり、11月下旬には列
車2本を発見して攻撃し、40基のミサイル全部を破壊
した。ドゥインディクト競馬場地区からのミサイル発
射は、やはり英国にとって耐え難いものになり、1945
年3月に強烈な爆撃が実施され、ドイツ軍のミサイル
発射部隊はこの地区から撤退せねばならなくなった。

■V-2の目標と発射基数

国	都市	発射基数
ベルギー	アントワープ	1,610
	ルティッヒ	27
	ハッセルト	13
	トゥールネー	9
	モンス	3
	ディースト	2
フランス	リール	25
	パリ	22
	トゥールコワン	19
	アラス	6
	カンブレー	4
イギリス	ロンドン	1,358
	ノリッチ、イプスウィッチ	44
オランダ	マースリヒト	19
ドイツ	レマーゲン	11
合計		3,172

　ロンドンを目標としてA-4ミサイル1,359基が発射
されたが、その内の1,039基はザ・ハーグとその周辺地区から発射され、それ以外は主
にフック・オブ・ホランド地区から発射された。その内、169基(12パーセント)は発射
後すぐに飛行不能に陥り、136基(10パーセント)は飛行の最終期の降下に入ってから空
中分解した。実際にイングランドに着弾したのは1,054基であり、その内でロンドンとそ
の近郊に落下したのは517基、発射されたV-2ミサイルの38パーセントに過ぎなかっ
た。A-4攻撃による市民の人的損害の合計は死者2,754名、負傷者6,523名である。
　ロンドンはV-2攻撃の目標として最も広く知られているが、実際にはアントワープが最
も多く攻撃を受けた目標であり、ここを狙って発射されたミサイルは1,610基に上る。そ
の内でアントワープ地区に到達したのは1,262基(78パーセント)であり、この都市自体
に落下したのは598基(37パーセント)、意図された目標である港湾地区に命中した
のはその内の152基に過ぎなかった。1944年12月16日には市内の映画館にミサイルが
落下し、A-4攻撃による最大の被害、死者561名と負傷者291名が発生した。アントワー
プを目標としたA-4ミサイルの一部はオランダ内の地点から発射されたが、大半はドイツ国内のアイフェル高原とベルギー東部の地点から発射された。ザ・ハーグ周辺の地区の住民の場合と同様に、ミサイルの発射失敗は発射地点周辺のドイツ人住民にもたびたび恐ろしい危険をもたらしたので、V-兵器には

A-9はA-4の射程を延ばすために、主翼を取りつけた型である。1942年に始まった計画だが、すぐに放棄されてしまった。これは最初の設計案で、尾部の安定板の面積が大きくされている。(MHI)

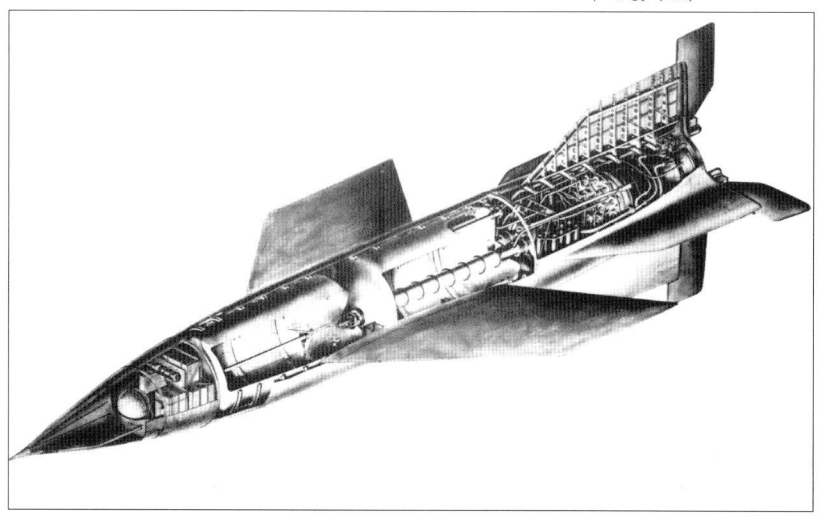

「アイフェルの恐怖」というあだ名がつけられた。

　A-4が軍事的目標に向けて発射された事例はほとんど無いに近かったが、その一例はレマーゲン付近でライン河に架けられたルーデンドルフ橋に対する発射である。この橋が米軍に占領された数日後、1945年3月11日に11基がこの目標に発射された。ヒットラーはヒムラーの強い進言を受け入れ、ミサイル攻撃を下命した。発射の任務をあたえられたのはSS第500砲兵大隊だった。電波誘導精度向上のための装置を配備されている唯一の部隊だったからである。しかし、目標の橋から1マイル (1.6km) 以内に落下したのは1基のみであり、米軍の報告によれば平均的な乖離は前後に1.7km、左右に3.5kmだった。現在の標準から考えれば、この誘導精度のレベルは極めて低いが、第二次大戦の他のV-2発射と比較すれば明らかに良い水準を示していた。

　1945年3月、英軍部隊がオランダ中部からライン河に向かう攻勢作戦を開始すると、オランダ内でのドイツ軍のA-4発射は最終的に停止に追い込まれた。第902砲兵連隊第485大隊が3月27日にザ・ハーグからロンドンに向けて最後の6基を発射し、アントワープに対しては同日にヘレンドーンからSS第500砲兵大隊が最後の発射を実施した。3月28日、第902砲兵連隊第2中隊がハノーヴァーの北50kmのファリングボステルから撤退する前に、ミサイル2基を発射したが、目標は記録に残されていない。第901砲兵連隊の数個中隊はハノーヴァーの北で体勢再編するように命じられた。クストリン※※には取り残されたドイツ軍部隊の「要塞」があり、それを包囲しているソ連軍をA-4ミサイルによって攻撃する「ブリュッハー作戦」の準備を整えるためである。この時期、ドイツは大混乱に陥っており、この作戦は実施されずに終り、1945年4月7日に生き残っていた発射部隊は残っていた装備を破壊した。敵に鹵獲されるのを避けるためである。残っていた発射部隊の大半はカムラーの命令によって歩兵部隊に改編された。唯一の例外は、1943年夏に最初の訓練部隊として編成された第444砲兵中隊である。この部隊は北部のシュレスヴィヒ＝ホルシュタイン州のヴェルムビュッテルに移動し、ミサイル5基を北海に向けてテスト発射した。知られている限りではこれが大戦中の最後のミサイル発射であり、その発射後にこの部隊はハノーヴァー地区に撤退し、装備を破壊した。カムラーはその後、プラハ防衛司令官に任じられたが、その後の消息は不明である。捕虜になるのを避けるために、副官に命じて自分を撃たせたものと思われる。1945年4月10日にノルトハウゼンの製造工場は米軍に占領されたが、V-2の生産は1945年3月の内に停止してしまっていた。

※註1:フック・オブ・ホランド、オランダ語ではフーク・ファン・ホラント。ロッテルダムから北海に至る新水路の河口北岸先端の海港。
※※註2:クストリンはポーランドのポヅナンニの南東の町。ポーランド語ではコストルツィン。

final missile designs

アメリカ攻撃ミサイル計画

　ペーネミュンデで活動しているフォン＝ブラウンとミサイル開発チームは、A-4ミサイルの最終的な設計改修の作業を完了した後、もっと未来派的な派生型の設計作業に取りかかることを許された。ヒットラーはもっと射程の長いミサイルを設計せよと殊に強く

要求した。連合軍の地上部隊の進撃によって、ロンドンにV-2を打ち込むことが難しくなって来たからである。以前に、A-4の長距離型、A-9「フロッセンゲショス」（翼のあるミサイル）を開発する計画があったが、この計画は1942年10月に中止された。A-4の基本型の開発にエネルギーを集中するためである。この計画が1944年6月半ばに復活され、同時にA-9のテスト・ベッドも開発されることになった。これはA-7と呼ばれ、A-4のテスト・ベッドとして1941年末までに20基以上発射された小さ目のミサイル、A-5をベースにして設計された。復活されたA-9プログラムの目的はA-4ミサイルの到達距離を約800kmに延ばすことだった。A-4プログラムは工業関係の省庁から高い優先性をあたえられており、その

1944年に射程延長型の計画がA-4bとして復活した時、フォン=ブラウンは間に合わせの「雑種」型の設計を提案した。A-4の安定板に制御動翼部分の面積拡大の変更を加え、A-9に装備する設計である。これはその設計によって製造されたA-4bの原型1号機（V1）の発射場面。1944年12月27日に発射され、すぐに墜落した。（NARA）

利点を活かすためにA-9計画はA-4b計画と改称された。A-4bの最初の難問題は横転(ロール)コントロールだった。A-4には大きな翼が2枚取りつけられたため、横転の制御が十分にできなくなったのである。設計作業を早く進めるために、フォン=ブラウンは「雑種」のA-4bデザインを提案した。フィンの動翼(エルロン)部分の面積を増大して、A-4の従来の安定制御装置を使う方式である。滑空段階に入った時のミサイルの制御について本格的な努力が傾けられることはなかった。A-4bプログラムは、カムラーとヒットラーの気持ちに沿う姿勢を見せるために大急ぎで進め始めた計画であり、早期に成功に至る見込みは立たなかった。最初の1基の試験的発射は離昇開始の直後に横転が始まり、見る間に墜落した。誘導システムが翼によって発生する空力的状態にまったく対応できなかったのである。ある程度の設計改修の後、1945年1月の末に2回目のテスト発射が行われた。このミサイルは期待に近い飛行に入り、再突入の時点まで制御された状態を続けたが、そこで一方の翼が折れて吹き飛んでしまった。ソ連軍がオーデル河を目指す攻勢作戦を開始して以来、バルト海沿いの地域でも赤軍が急速に東進して来たため、2回目のテスト発射の数日後、ペーネミュンデの施設は放棄に追い込まれ、A-4bプログラム

はそこで終った。

　その外にももっと未来派的なデザインがいくつもあった。そのひとつ、A-10 は、A-4 の拡大版であり、エンジンの推力100トン、ペイロード4トン、射程500kmと計画されていた。この計画は1936年に始まった後、数年間にわたって放置されたままだったが、1941年になって再び取り上げられた。この時はA-9を上段弾体とし、A-10と組み合わせた多段ミサイルにする方式によって、米国に到達する射程を実現しようと考えられたのである。しかし、A-9/A-10計画は図面の段階より先には進まず、計画されたミサイル2段組み合わせの構造も初歩的なものであり、実用化できるものではなかった。

　もうひとつ計画された米国攻撃の方法は、米国沿岸に近い地点からA-4を発射することだった。水上艦艇から発射することは到底無理なので、水中発射のシステムが考えられ、計画には「テスト・スタンドXII」というコード名があたえられた。このプログラムは1944年11月に開始された。基本的なコンセプトは、巨大な魚雷に似ている潜水可能な発射カニスターを建造し、それをUボートに曳航させることだった。カニスター（筒）にはA-4を1基搭載し、小さい乗員居住室、燃料タンク、浮力タンクを設ける。米国の沿岸に近い地点に着くと、浮力タンクの操作によってカニスターの姿勢を垂直の発射可能状態に変える。カニスターの頂部を海面上に出し、筒体頭部の成形パネルを開いて、ミサイルの発射準備を整える。シュッテッティン（現在はポーランドのシュチェチン）のフルカン造船所にカニスターのテスト・ベッドを建造する契約があたえられ、完成は1945年4月か5月と計画された。しかし、プロジェクトは初期的な概念デザインから先に進むために必要なエンジニアリング支援を受けることができず、本格的な作業が始められる前、1945年4月26日にシュッテッティンはソ連軍に占領された。

　A-4を改良・発展させるプログラムはいくつも計画され、その内のひとつ、鉄道車輛に搭載された移動発射台のプログラムはFMS（移動気象ステーション）^{ファルバルバレ・メテオロギッシェ・シュタティオン}というコード名の下で、1944年の秋に開始された。これはA-4の発射機構をもっとコンパクトにして、移動しやすくしようとする試みだった。1945年に入って、テストのための列車2本が編成されたが、実戦化には至らなかった。

the V-2 in retrospect

V-2の回顧

　エンジニアリングの立場から見れば、V-2は素晴らしい技術的な成果なのだが、兵器として見るとこれは壮大な失敗作である。V-2の開発と製造のコストは驚異的な額にのぼる。戦後の米軍の調査によれば約200億ドルであり、連合軍側が原子爆弾開発に投入した額にほぼ相当する。しかし、7カ月にわたるV-2ミサイル発射作戦全体で目標とした都市に打ち込んだ高性能爆薬の重量の合計は、ドイツに対するRAFの一晩の大規模な爆撃作戦の投弾重量に及ばない。もし、V-2攻撃に十分な軍事的インパクトがあったのであれば、それだけ膨大なコストも妥当だったということができるが、V-2は重大な軍事的な価値のある結果をまったくもたらしていない。恐ろしいことに、ロンドン、アントワープ、その他の都市でV-2攻撃によって多数の民間人の死者が発生したのだが、ノルトハウゼンでのミサイル製造に関連して発生した奴隷労働による死者は、その数倍にも達する。それに加えて、発射地点の周辺ではミサイル墜落によるオランダ人やドイ

ツ人の死者も発生している。

　V-2を大量生産段階に進めることを決定したのは、いくつかの技術的、戦術的な条件から考えてみると、早まった判断だった。液体酸素をベースにした低温燃料システムを採用したことによって、ミサイルの作戦展開には大きな困難がつきまとった。1944年の夏の時点で、ヨーロッパでの液体酸素の生産量全部をV-2発射部隊に当てることができたとしても、1日当たりの最大発射数は30基に過ぎなかったはずである。そして、液体酸素の蒸発の問題と1944年8月にフランス内の工場がドイツ側の手から離れたことがあるために、1944年9月にペンギン作戦が開始された時の発射能力は1日当たり2ダースほどに低下していた。ペンギン作戦の間のV-2ミサイルの平均発射数は1日当たり16基であり、その内で意図された目標から16km以内に落下したのはその半数にも及ばなかった。ミサイルの飛行中の損壊の率と低い命中精度から考えると、ペンギン作戦によってロンドンとアントワープに打ち込まれた爆薬の量は、多い目に見ても1日当たり24トン程度だったと思われる。もちろん、これだけの爆薬がこれらの都市の市民にあたえた損害は大きなものだったが、攻撃の規模と精度の上で、連合軍の航空部隊のドイツの都市に対する爆撃とはまったく比べものにならない。ロケット推進燃料としては低温オキシダントに代わって、常温での貯蔵が可能な自動燃焼性燃料、例えば硝酸・ケロシン化合物を使用することができる。このような代替燃料はA-8として研究されたが、エンジニアリングと政治的な理由によって1942年半ばに中止された。この種の推進システムは、ペーネミュンデで開発されていたヴァセルファル対航空機ミサイルに使用されたが、開発の進行は低温燃料ロケット・エンジンより遅れていた。V-2のもうひとつの弱点は命中精度が極めて低いことだった。これは当時のエレクトロニクス・テクノロジーの発達が不十分だったためである。V-2の命中精度は、工業目標と軍事目標を狙った攻撃によって意味のある破壊効果を期待できるレ

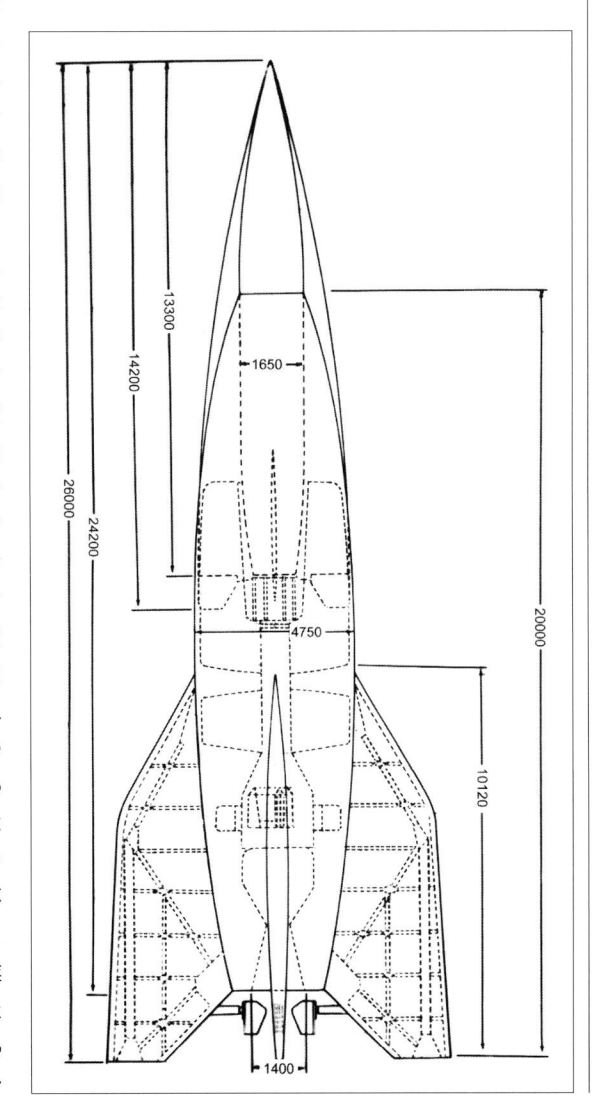

1944年にA-10長距離ミサイル計画が復活した時、A-9ミサイルを第2段として組み合わせた多段方式デザインに転換していた。しかし、この設計案は詰めが甘いアイデア程度に過ぎず、ざっとした設計図以上の段階には進まなかった。（NARA）

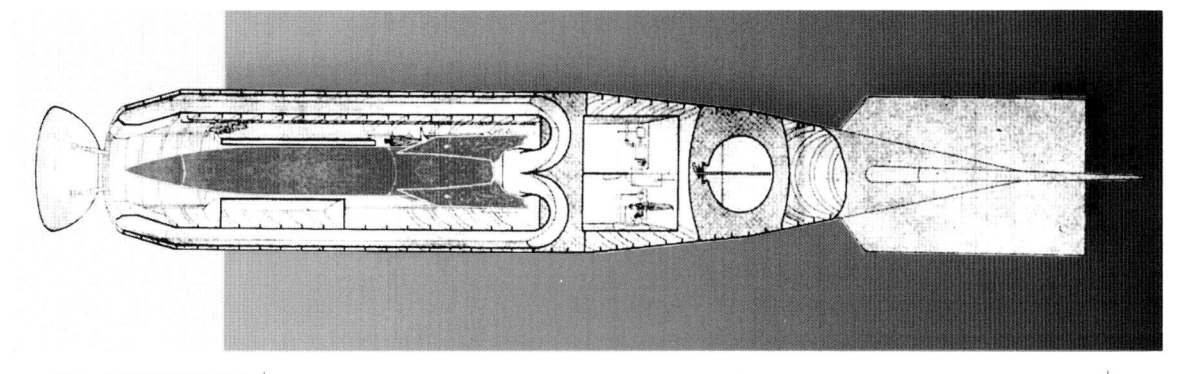

テスト・スタンドXIIは潜水可能なミサイル・コンテナの概念的デザインである。Uボートに曳航されて海中を航行し、予定地点に到達すると垂直姿勢に転換し、海面に頂部を出してミサイルを発射するという構想だった。テスト・ベッド1基建造の契約があたえられたが、実際的な作業段階に進む前に、1945年4月に造船所の所在地、シュテッティンがソ連軍に占領されてしまった。(MHI)

ベルではないので、用途は事実上、「テラー・ボミング」(市民に恐怖心を振り撒くための無差別爆撃)のみに限られていた。

都市に対する無差別恐怖爆撃の兵器として見た場合でも、V-2は併行して使用されたV-1巡航ミサイルより劣っている。低レベル技術のV-1の開発と製造のコストは、V-2の十分の一に過ぎなかった。V-1に使用されたのは普通の燃料であり、ラムジェット推進であるので、酸化剤は必要ではなかった。その結果、V-1が24,200基発射されたのに対し、V-2の発射は約3,500基に過ぎず、1日当たりの平均発射数はV-1の110基に対し、V-2は16基に過ぎなかった。ドルンベルガーはV-1と比較してV-2は優れた兵器であると考えていた。V-1は固定した大きな発射台が必要であり、これが敵に発見され、攻撃を受けやすい。そして、敵はバズ・ボムが目標に到達する前に迎撃することができるからである。しかし、実際の状況は逆であり、敵の攻撃に対するV-1の脆弱性は、この兵器の軍事的価値を結果的に高めたのである。RAFは全力をあげてV-1の発射施設を攻撃し、飛行中のV-1が目標に到達する前にできる限り撃墜しようと試みたからである。1943年12月からDデイまでの間に連合軍の航空部隊はV-1発射施設攻撃のために爆弾36,200トンを投下し、この作戦で航空機154機と乗員771名喪失の損害を受けた。ノルマンディ上陸作戦後の夏の数カ月間、連合軍は戦闘出撃延べ機数全体の四分の一と投下した爆弾量の五分の一を、V-1施設攻撃に当てた。そして、対V-1防御のためにかなり大きな戦闘機兵力を英国内に配備しておかねばならず、ロンドン、アントワープ、リエージュの防空のために多数の対空砲を配置せねばならなかった。それとは対照的に、迎撃が不可能なV-2については、連合軍が払った防御のための努力ははるかに少なかった。V-2の発射システムは機動性があるので、発射要員が敵の攻撃に曝される可能性は低く、連合軍側にとっては航空攻撃は不可能ではないにしても、かなり困難だった。このため、連合軍がV-2施設に対して実施した航空攻撃は、V-1の場合よりはるかに少なかった。

戦後の英国と米国の軍事アナリストの研究によれば、実際に敵にあたえた損害の上でも、V-1はV-2より効果の高い兵器だった。V-1の弾頭の破壊力はV-2より高かった。V-2は大気圏再突入の段階で高速度による高温度に曝されるが、V-1にはその条件が無いので、弾頭にV-2のものより破壊力の高い爆薬を使用することができたからである。それに加えて、V-2の弾頭は建物を貫通し、その下の地面にまで貫入してから爆発する傾向があり、その場合、爆発の勢いが鈍くなった。それとは対照的に、V-1は降下速度があまり高くないので、建物に浅く貫入しただけで爆発し、爆発効果が広く拡がる場合が多かった。そして、もっと重要だったのは、V-1攻撃には極めて大きな心理的効果があったことである。V-1は比較的低い高度で陸地上空を長い距離飛び、神経にこたえる不気味な爆音を広い範囲に響き渡らせた。その結果、1944年の夏、ロンドンでは行政措置

による疎開者以外に多数の市民が市内から田舎に流れ出た。それとは対照的に、V-2はまったく前触れ無しに突然落ちて来て、爆発音はある程度の範囲から外には拡がらなかった。1942年にA-4を生産に進めることが決定されたが、この時期には弾道ミサイルのテクノロジーはまだ十分な段階まで進んでいなかったのである。

　全体的に見てV-2プログラムは、よくいわれるように僅かに遅過ぎたのではなく、あまりにも始めた時期が早過ぎたのである。

the V-2's post-war legacy

V-2の大戦後の遺産

　第二次大戦の最終期の数カ月にわたり、英国と米国とソ連はドイツの最も進歩した軍事テクノロジーのサンプルを手に入れようとして、激しいレースを展開した。特にV-2には強く注目した。その推進システムと制御システムの技術開発は、どの国よりもはるかに先に進んでいたからである。

　米国は皆が狙った獲物の大半を獲得した。カムラーはミサイル関係の技術者たちの大半をペーネミュンデからバヴァリア地方へ撤退させ、ドルンベルガーとフォン=ブラウンを含むロケット・チームは1945年5月にそこで米軍部隊に降伏した。重要なエンジニアリング研究の資料の大半はペーネミュンデの技術者たちと一緒に移送されており、米国のチームが回収した。米国陸軍はV-2ミサイルを完全な状態で鹵獲することを意図して、1945年4月10日にノルトハウゼンにあるミッテルヴェルク社のミサイル製造施設を占領した。困ったことに、この地域はソ連地区に編入されることが協定で決められていた。ソ連軍の行政下に移管される日は1945年6月1日であり、H・トフトイ大佐指揮下の兵站チームは占領直後から、そのデッドラインまでにできる限り多くのものを工場から搬出するために作業を開始した。その結果、ミサイル約100基分の構成部材・部品も含め、設備や資材の類、合計400トン前後を、1945年5月22〜31日の間に列車によってアントワープに輸送することができた。ロシア人たちはこの作業に気づかなかったが、英軍の将校たちは腹を立てた。獲得したテクノロジーは米英両国で分け合うという事前了解があったにもかかわらず、米軍が一方的に搬出作業を進めたためである。彼等はミサイルが米国に送り出されるのを抑えようと試みたが、彼等の抗議は無視された。しかし、1946年になって、英国がテスト発射を実施するために、ある程度の数のV-2が引き渡

欧州での大戦終結直前の1カ月にわたって、このドイツのテクノロジーの王冠の大宝石ともいうべきV-2を先に分捕ろうとするレースが連合国の間で展開され、米国陸軍がノルトハウゼンのA-4生産施設群を確保した。この時、工場施設に近い貯蔵地区には、この写真に見られるように、未完成のA-4ミサイルの列がいくつも並んでいた。（NARA）

された。主要なドイツ人技術者たちは、米国の移住を勧められた。米国のミサイル開発計画に協力するためである。この技術者移住プログラムには「オーバーカスト」(後に「ペーパークリップ」と変更された)作戦というコード名がつけられ、1945年9月下旬に最初のグループが米国に到着した後、合計127名が移住した。

米国陸軍は「ハーミーズ」弾道ミサイル計画の一部として、ニューメキシコの砂漠の中のホワイトサンド実験場で、鹵獲したV-2のテスト発射を開始した。最初の1基は1946年4月16日に発射された。米国で組み立てられた67基のV-2の内、63基が1952年の末までに発射され、上層大気圏を調査するための科学研究用装置を搭載したものも多かった。1949年2月24日、「バンパー＝WAC」と呼ばれる下段ステージを追加して改造したV-2が発射され、高度400kmに到達して、多段弾道ミサイル開発の途が開かれた。米国陸軍は米国でV-2ミサイルの製造を改めて始めることを本気で考えたことはなかった。命中精度と運用のための兵站業務に問題があることがすぐに明らかになったからである。それに代わって、1951年にレッドストーン兵器廠で米国人とドイツ人の技術者の協同作業によって、新しい戦術弾道ミサイル、「レッドストーン」の開発が始められた。これはLOX/ケロシン燃料を使うシングル・ステージ型であり、有効射程は320km、命中精度は誤差294m以内だった。誘導システムはV-2のシステムより数段進歩してはいたが、4メガトンの核弾頭搭載というイノヴェーションが加えられたことによって、このミサイルは、1950年代の極めて恐ろしい革命的な新兵器となった。

米軍空軍は陸軍のV-2プログラムをモニターしていたが、1946年にコンヴェア社に契約をあたえて、MX-774と呼ばれる派生型の設計に取りかかった。MX-774はV-2によく似ていたが、胴体がモノコック構造——胴体の外板が燃料タンクの外板を兼ねていた——だったので、明らかにサイズが小さくなった。そして、ジンバル方式のエンジン——操舵のために推力の方向を操作できる——や、分離可能な弾頭——V-2でよく発生した弾体分解の問題への対応——など、重要な革新的技術がいくつも取

大戦後、米国陸軍は鹵獲して来たA-4Cミサイルを60基以上、ホワイト・サンズ実験場で発射した。これは1946年4月16日、米軍の2基目のV-2発射準備の場面である。(NARA)

り入れられていた。このようにMX-774はV-2より明らかに進歩した設計だった。しかし、もっと射程の長い兵器を望んだ空軍は、弾道ミサイルより巡航ミサイルを選び、「ナヴァホ」と「スナーク」の開発に進んで行った。

　米国海軍は1947年9月6日に、航空母艦ミッドウェイの飛行甲板からV-2　1基をテスト発射した。海軍は艦上で危険な液体酸素を取り扱うことに初めから極めて懐疑的であり、1949年に実施した研究プログラム、「プッシュオーヴァー作戦」の結果、事故のリスクがあまりにも高いとの判断を下した。海軍が弾道ミサイルに真剣に取り組み始めたのは、固形燃料ロケット実用化の見込みが明らかになってからであり、1956年の末に「ポラリス」開発計画をスタートさせた。

　米軍はドイツからミサイル技術者多数を移住させ、1940年代末にミサイル・テクノロジーの第一歩を踏み出したが、その効果は軍事プログラムよりも、その後の宇宙開発プログラムに大きく影響した。フォン＝ブラウンのチームは陸軍のミサイル開発作業に当たっていたが、1950年代半ばに長距離弾道ミサイルの開発は空軍が担当することが決定され、陸軍はこの分野から押し出されてしまった。しかし、アラバマ州ハンツヴィルにある陸軍のレッドストーン兵器廠は米国の宇宙開発プログラムの基盤となった。そして、フォン＝ブラウンとペーネミュンデの技術者たちは、月面着陸プログラムも含めて有人宇宙飛行プログラムに大きな役割を果たした。

　英国は「バックファイア」という作戦名の下に、捕虜にしたドイツ軍のミサイル発射部隊の隊員を使い、戦後早い時期のV-2発射テストで先頭を切った。試験場にはアルテンヴァルデのクルップ社の艦砲試射場を使い、ドルンベルガー少将が指揮するドイツ軍の発射要員によってテスト発射が行われた。使用されたミサイルはもともと米軍がノルトハウゼンから搬出したものの一部であり、1945年10月に最初の1基が発射された。しかし、V-2のテスト発射が英国のテクノロジー開発に影響をあたえることはほとんどなかった。大戦後の深刻な財政危機の中で、1948年に軍需省が長距離ミサイル関連の予算を大幅に削減したためである。英国がミサイル開発を再開したのは1955年のことである。「ブルー・ストリーク」長距離弾道ミサイル(LRBM)開発が開始されたこの時までには、ミサイルのテクノロジーはV-2から一世代も先に進んでいた。フランスはV-2ミサイル1基をペーネミュンデで手に入れた。このミサイルはフランス人たちの強い関心を集めたが、そこから実際的な結果は何も生まれなかった。

red V-2

赤いV-2

　第二次大戦後にV-2ミサイルの製造を続けた国はソ連だけである。ソ連が専門のミサイル調査チームを編成したのは1945年の夏に入ってからであり、8月にこのチームがノルトハウゼンに到着したのは、米国陸軍がミッテルヴェルク工場を徹底的に「略奪した」後だった。ソ連のプログラムの目的はできる限りドイツのミサイル関連テクノロジーを収集し、ドイツ内に製造工場を再建して、そこで得た経験に基づいてソ連国内に同様な工場を建設することだった。米国陸軍はペーネミュンデにいた主要なドイツ人エンジニアの大半の協力を確保していたが、V-2の誘導システム担当チームの主席、ヘルムート・グロットルプはソ連の計画に参加しようと心を決め、ある程度の人数のエンジニアが彼

その後の時期、米国でのV-2の発射は上層大気圏についての科学的研究を目的としたものが多くなった。この1946年10月10日の12回目の発射もその例のひとつであり、オゾン測定のための科学研究パッケージが搭載されていた。(NARA)

の下に集められた。ソ連はドイツのソ連占領地区内にラーベ(烏)機関を設け、ノルトハウゼンの製造工場とペーネミュンデの瓦礫の中に残った施設もその下に置かれた。ラーベ機関は1946年9月までにV-2ミサイル30基を何とか組み立て、FMS移動発射列車2本を復原した。これらのミサイルと列車は、スターリングラード(現在はヴォルゴグラード)の東方90kmのカプスティン・ヤールに新設されたソ連のミサイル実験場に送られた。

　ドイツ内でテスト用のV-2ミサイル組み立ての任務を完了した後、ドイツ人エンジニアたちは1946年10月に強制的にモスクワ近郊のゴロドムリヤ島に移動させられた。そこで彼等はソ連側のエンジニアたちと隔離された状態に置かれた。セルゲイ・コロリョフのようなソ連の高位のエンジニアたちは、将来のミサイル設計について相談するために頻繁に彼等と会っていたが、ドイツ製の部品で組み立てられたV-2によるテストが完了した後、1947年4月にスターリンはR-1(Raketa-1)と呼ばれる自国製ミサイルの発射を承認した。ソ連版A-4、R-1の最初の1基は1947年10月18日に無事に発射され、それに続いて1947年12月までに約20基が発射された。これらのテスト発射の後、コロリョフのミサイル開発チームは、R-1Aを製造するためのソ連独自の生産ラインをモスクワ地区に建設する業務にエネルギーの大半を傾けた。

　R-1Aの小規模生産は1948年に始められた。全体がソ連製のR-1Aの最初のテスト発射は1948年9月17日に行われ、失敗に終わったが、同年10月10日の2回目は最初の発射成功となった。その後、1950年一杯にかけてテスト発射が続けられ、R-1ミサイル・システムは1950年11月28日にソ連陸軍の制式兵器として採用された。それでも、R-1ミサイルのシリーズ生産開始は確実とはまだいえなかった。砲兵部門のトップであり、強い影響力を持っているN・Dヤコヴレフ元帥は、この新しい弾道ミサイルは極めてコストが高く、取り扱いが難しく、軍事的な効果がないと主張した。ある将軍はこのようにコメントした――もしも、1発のR-1の燃料に当てられる量のアルコールが彼の部隊に配給されたならば、将兵はどこの都市でも見る間に陥落させるに違いない！　それでもスターリンと党の幹部はR-1生産を承認した。これは長距離ミサイル兵器を配備する野心的な計画の第一歩に過ぎないと、彼等が認識していたからである。ドニエプロペトロフスク自動車工場は、ドイツから分捕って転用した工作機械を基礎として戦後にウクライナに建設された工場である。これがミサイル製造に転用され、後に世界最大のミサイル工場となった。

■R-1及びR-2の生産数

年	1951	1952	1953	1954	1955	合計
基数	76	237	544	308	380	1,545

ソ連はスターリングラードに近いカプスティン・ヤールに新設された実験場で、鹵獲して来たドイツのA-4ミサイルの発射テストを行なった。ドイツ軍の標準装備の型の液体酸素タンク・トレーラーとポンプ装置セミトラクターがトラクターに牽引されて、発射台に向かっている。（A・アクセノフ）

　R-1の生産は間もなくR-2に切り変えられた。R-2は射程増大を目指して発展的改良が加えられた型である。米国のMX-774と同様なモノコック構造の胴体の採用とエンジンの改良によって、射程はR-1の300kmから2倍の600kmに延びた。R-2の飛行テストは1949年9月に開始され、1951年11月27日に制式採用されて、1953年6月にシリーズ生産の最初の1基が完成した。

　1950年秋にR-1ミサイルが制式採用されると、ソ連はカプスティン・ヤールでミサイル部隊の編成に取りかかった。最初の部隊は正体を秘匿するために、最高司令部付予備＝第23特殊任務工兵旅団(23BON-RVGK)という呼称があたえられた。そして、1953年3月にかけて合計6個旅団が編成された。R-1とR-2に搭載されたのは高性能火薬弾頭だけである。この2つの型のミサイルの信頼性が高くなったこと、初期のソ連の核爆発装置は重量が大きすぎたこと、1954年まではソ連が保有する核弾頭の数が比較的少なかったことなどの理由によって、弾道ミサイルに核弾頭は搭載されなかった。その結果、弾道ミサイル支持者の間では、別のタイプの弾頭によって攻撃効果を高めようとする考えが現れた。原子炉廃棄物を充填した弾頭というアイデアである。この弾頭によって、通常の火薬弾頭による破壊範囲よりも広い地域を、放射能によって汚染できると考えたのである。

　1950年の初めに「軍事用放射能物質」を充填した弾頭2種が、R-2に搭載するために開発された。その内のひとつ、「ゲラン」(ゼラニウム)弾頭には放射能液体が充填され、前もって設定された高度まで降下すると信管が作動して弾頭が割れ、放射能を帯びた液体の雨が降り拡げられるように設計されていた。もう一方の「ゲネラトール」弾頭は放射能液体を詰めた小型のコンテナ多数が収められ、空中で弾頭が破裂するとコンテナは広範囲に拡がり、地面に落下した衝撃で液体が飛び散ることになっていた。ゲランとゲネラトールを搭載したミサイルのテスト発射は1953年から1956年にわたって行われたが、これらの弾頭が実際に配備されたか否かを確認する文書は残っていない。1954年に核弾頭のシリーズ生産が始まった後、R-2に搭載するための核分裂弾頭が開発され、1955年11月にこの弾頭を搭載した改造型R-2がテスト発射された。この弾頭は1956年に制式採用されたが、これが生産された時期には既に、もっと進歩した新型ミサイルの部隊配備が始まっており、核弾頭を搭載したR-1またはR-2が実際に部隊配備されたということは確認できない。

1950年にソ連はA-4Cミサイルのコピーを、R-1Aという型式名で製造し始めた。支援装置を搭載した車輌の多くはソ連製の車輌をベースにしていたが、マイラーヴァーゲンはミサイルと同様にコピーがソ連で製造された。(A・アクセノフ)

戦術ミサイル部隊では、R-1とR-2からR-11(スカッドA)への装備転換が1958年に開始された。スカッドはV-2ミサイルのテクノロジーを出発点としているという見方もあるが、これは神話同様である。スカッドはV-2の系列から離れ、ドイツのヴァッセルファル地対空ミサイルの自焼性燃料 エンジンが採用された。この方式のエンジンは野戦での運用の上で、不安定な液体酸素燃料エンジンよりはるかに実用性が高かった。

奇妙なことに、V-2の技術は中国のミサイル開発のベースになったのである。1956年にソ連はミサイルのテクノロジーを中国に提供することに合意し、少数のR-2ミサイルと技術資料の引き渡しが始められた。しかし、この同盟2国の政治的関係が動揺し始めると、技術援助プログラムの進行は遅れ、R-2の中国版コピー、DF-1の限定的製造の開始は1960年秋まで遅れてしまった。1960年11月と12月に中国はDF-1の最初のテスト発射を行った。DF-1のシリーズ生産は極めて小さい規模にとどまった。中国人でさえもこれが時代遅れの設計だと理解したためである。中国のDF-1はV-2の技術の流れと直接にリンクしている最後の弾道ミサイルとなった。

参考文献●bibliography

V-2はミサイルと宇宙開発のテクノロジーのパイオニアの役割を果たしたので、これについて書かれた書物は数が多く、その内の一部を以下に列記しておいた。公刊された書物の他に、大量の政府情報調査研究があり、それは最近20年前後の間に機密扱いを解除されている。The British War Office(英国陸軍省)は1946年に "Report on Operation Backfire" 3巻を刊行した。これにはA-4ミサイルの準備と発射についての徹底した技術的な調査が収録されている。The US War Department(米国陸軍省)は "Handbook on Guided Missiles : Germany and Japan" というタイトルの大部な研究報告を作成し、それにはV-2についての価値の高い章が含まれている。V-2作戦活動についての最も優れた概観のひとつはM. Helfers中佐がthe US Army Chief of

Military Historyの命令によって行なった研究、"The Employment of V-Weapons by the Germans During World War II" である。ミサイル作戦活動についてのドイツ側の見方は、米国陸軍のForeign Military Study programの一環として1947年のドイツ空軍のEugen Walter少将が作成した研究報告、"V-Weapon Tactics(LXV Corps)" に書かれている。ドイツのミサイル生産と連合軍の爆撃のインパクトについての米国の見方はUS Strategic Bombing Surveyの "V-Weapons (Crossbow)Campaign" の巻に記述されている。ドイツ軍のV-2発射のための野戦部隊マニュアル、"A-4 Fibel" は英語に翻訳され、1957年にthe US Army Ballistic Missile Agencyによって印刷された。V-2についての極めて有用な情報源はインターネット・サイトwww.v2roket.comである。これは特にオランダからのV-2発射についての情報が豊富である。

After the Battle, Issues 6 & 74；No.6はV-2ブンカーの旧跡、No.74はペーネミュンデ

V-2の遺産は欧州の外まで遠く拡がった。1960年に中国は最初の弾道ミサイル、DF-1のテストを開始したが、これはソ連のR-2ミサイルのコピーだった。さすがに1960年代初めには、このミサイルのテクノロジーが時代遅れであることは明らかであり、DF-1はあまり多くは生産されなかった。
（T・デサウテルス）

の旧跡をカバーしている。

　Collier, Basil, The Battle of the V-Weapons 1944-45, William Morrow, 1965；英国の視点に立ってミサイル攻撃作戦について記述した書物。

　Cuich, Myrone, Armes Secrètes et Ouvrages Mysterieux de Dunkerque à Cherbourg, Tourcoing, 1984；V-2ブンカーも含めたフランス内のドイツ軍機密兵器発射陣地の旧跡についての興味深い調査報告。

　Dornberger, Walter, V-2, Viking, 1954；時には自己中心的になるが、このプログラムの軍の側のトップがV-2の全容を記述した優れた書物。

　Garlinski, Josef, Hitler's Last Weapons, Times Books,1978；ポーランド人などのレジスタンス・グループのV-2に対する戦いを主題とした書物。

　Henshall, P., Hitler's Rocket Sites, St Martin's, 1986；フランス国内のミサイル発射地点についての興味深い調査報告。

　Hölsken, D., V-Missiles of the Third Reich, Monogram, 1994；V-1、V-2ミサイルについての調査研究の最高の成果のひとつである書物。写真や図面が豊富な点が特徴である。

　Irving, David, The Mare's Nest, William Kimber, 1964；著者はナチについての問題で物議をかもすことが多い歴史家であり、これは彼の早い時期の著作である。

　Kennedy, G., Vengeance Weapon 2, Smithsonian, 1983；ワシントンの航空宇宙博物館の展示に関連したV-2のモノグラフ。短いが、詳細に及んでいる。

　Klee, E., & Merk, O., The Birth of the Missile, Harrap, 1965；大部の本ではないが、V-2開発プログラムを追ったイラスト中心の刊行物の中で最高のもののひとつ。

　McGovern, J., Crossbow and Overcast, William Morrow, 1964；ドイツのミサイルに対する連合国の情報収集活動と、ドイツのミサイル技術を握るための大戦最終期のレースをテーマとしている。

　Neufeld, M., The Rocket and the Reich, Free Press, 1995；V-2プログラムの背後での政治的な内部闘争の詳細についての、新しい学術的な研究。

　Ordway F., & Sharpe, M., The Rocket Team, MIT, 1979；V-2プログラムについての最高の著作のひとつ。V-2が米国の宇宙開発計画に及ぼした影響についての考察は、特に優れている。

　Zaloga, Steven, The Kremlin's Nuclear Sword, Smithsonian, 2002；ソ連の戦略ミサイル開発と、ソ連に引き継がれたV-2プログラムの遺産をテーマとしている。

カラー・イラスト解説 color plate commentary

図版A：ドイツの初期のテスト・ロケット
A1：A-3実験用ロケット
A2：A-5実験用ロケット
A3：A-4V4 弾道ミサイル原型

　図A1に示されたA-3は初めの内、金属地膚のままだったが、後にテストのために全体にわたってダークグレーの塗装になった。A-5ロケットはいくつものパターンに塗装された。この図A2は最も目立つ初期のパターンのひとつ、黄色と赤の塗り分けである。これは間もなく、もっとテストのために適応したパターン、明るい白（RAL9010）と濃い黒（RAL9011）の塗り分けに変わった。弾体を半分、または四分の一に塗り分けるパターンである。初期のミサイルでは常に横転の問題が発生したので、テスト発射のたびに追跡カメラを使って横転の率をモニターした。この塗装は、その作業のためのものだった。図A3はこのパターンに塗装されたA-4V4、A-4ミサイルの原型4号であり、1942年10月3日に発射され、飛行の全過程が完全成功した最初のミサイルとなった。初期のテスト用のA-4ミサイルの中には奇妙な漫画が描かれているものが多かった。時には、この図の例のようにサイエンス・フィクション風である。これは1929年のフリッツ・ラングの映画「Woman on the Moon」※から生まれたイメージがテーマになっている。
※註：「Frau im Mond」（1929年）。邦題は「月世界の女」。

図版B：ウィヅェルンのミサイル・ブンカー

　このイラストは、ウィヅェルンのミサイル基地が完成したとすれば、このようになっていたはずだという想像図である。右半分の手前寄りには、物資搬入のための鉄道線路とトンネルの入り口が見える。基地の主構造物は石灰岩の山をくり抜いて建造され、内部のミサイル準備室から外側の石切り場まではレールが敷かれたトンネル2本、「グレッチェン」と「グスタフ」で結ばれている。ミサイルはこれらのトンネルを通って運び出され、出口から僅かに離れたレールの末端から発射される。画面の右半分には3カ所のトンネルの入り口が見える。これらはミサイルと補給物資を備蓄するための多数の「ミミズの巣穴」トンネルにつながっている。

図版C：塗装のパターン
C1：ペーネミュンデにおけるテスト後期のA-4の塗装

　1943年のテスト後期のA-4ミサイルに多く見られた

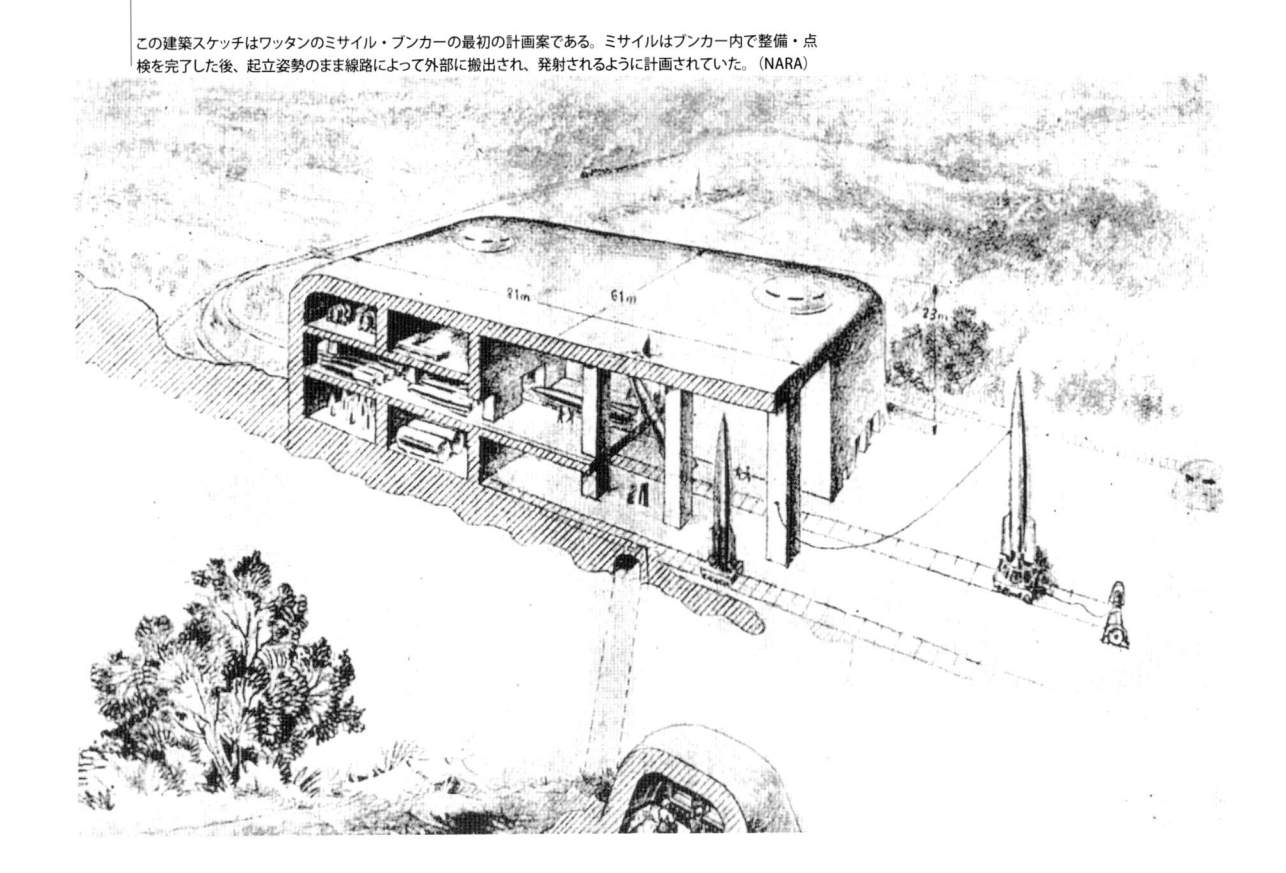

この建築スケッチはワッタンのミサイル・ブンカーの最初の計画案である。ミサイルはブンカー内で整備・点検を完了した後、起立姿勢のまま線路によって外部に搬出され、発射されるように計画されていた。（NARA）

1943年8月18日、ペーネミュンデに対する一連の爆撃が開始された。上段は1944年6月に撮影されたテスト・スタンドⅦの航空偵察写真である。画面の下の方にA-4ミサイル3基と積荷なしのマイラーヴァーゲン1輛が写っている。下段は1944年9月、爆撃が重ねられた後の時期の同スタンドの航空偵察写真。（NARA）

内部が見えるように外郭の一部を切り取ったA-4エンジン。上半分は燃焼チェンバー、下半分が排気チェンバー。写真から特徴的な形がよく分かる。燃料は上部の噴射口からチェンバー内に噴出される。噴射装置のひとつがチェンバー内に吊り下げられている。チェンバーの周囲に取りつけられたパイプはチェンバー壁をアルコールによって冷却するための装置である。（USAOM, APG）

のは実戦用に近い塗装だった。胴体の大半がオリーヴグリーン（RAL6003）に塗装されるパターンである。しかし、尾部とエンジンの部分はカメラによる追跡監視のために、黒と白の様々なパターンの塗装になっていた。中心線のグレーの帯が残されている例も多かった。

C2：A-4Bのバティク風カムフラージュ塗装パターン

1943年6月、3種のパターンのカムフラージュ塗装が始められた。どのパターンが最も隠蔽効果が高いかを検証するためである。最も精巧なのはGebatiktパターン（batik：インドネシアの布地の染めもののパターンのひとつ）だった。5つの色——クリームホワイト（RAL9001）、アースグレー（RAL7028）、レッドオキサイド（RAL3039）、オリーヴグリーン（RAL6003）、チョコレートブラウン（RAL8017）の不規則な形の斑点をスプレーで塗るのである。この塗装はあまりにも複雑なので、すぐに放棄された。

図版D：V-2の解剖図

図版と説明を見ていただきたい。

図版E：カムフラージュのパターン
E1：A-4Bの火炎カムフラージュ・パターン

1943年6月に試みられたテストのための3種のパターンのうちの2番目は、このGeflammt（火炎）パターンである。これはGebatiktパターンを単純化したもので、3つの色——クリームホワイト（RAL9001）、アースグレー（RAL7028）、オリーヴグリーン（RAL6003）、だけを使い、不規則な模様が描かれるが、模様の外周にはぼかしはなく、はっきりした曲線になっている。初期には幅広の白いバンドが残されていた。3種のテスト用パターンの内、この塗装の使用が最も少なかった。

E2：A-4Bのギザギザ模様カムフラージュ・パターン

1943年6月のテストの3番目はこのGezackt（ギザギ

ザ）模様のパターンで、これが最も広く使われた。使われた色は、火炎パターンと同じ3色だが、模様のサイズは火炎パターンより大きく、ギザギザ模様の外周は直線である。3種のカムフラージュ・パターンの内、実際に実戦部隊のミサイルに使われたのはこれだけだったが、1944年にノルトハウゼンで生産が始まると、ある程度単純化され、クリームホワイトに代わってシグナルホワイト（RAL9003）が使われた。迷彩塗装にはコストと労働力が余計にかかるので、1944年の内に取り止められ、ミサイル全体がオリーヴグリーン（RAL6003）に塗装されるようになった。マーキングは炸薬弾頭装備を示すための細い黄色のバンドだけが頭部に残された。ミサイルの一連番号は胴体の中程の2つの面に書かれ、方向安定板の間にも向かい合う面に小さい文字で書かれた。

図版F：機動発射地点の作業状況

このイラストは燃料搭載作業中の機動発射地点の状況を示している。A-4Cは発射台架の上で垂直に立ち、マイラーヴァーゲンは数フィート後方に離れている。この車輛のミサイル姿勢操作アームに取りつけられた作業台を開いて、誘導装置の点検を始めるためである。ミサイルの前方正面の位置についている車輛は過酸化水素タンカーであり、エンジンのターボポンプにオキシダントを送り込んでいる。その左の車輛はアルコール・タンカーである。アルコール・タンカーの後方に停まっているのは燃料搭載作業のためのポンプ装置トレーラーである。その後方にはアルコール搭載トレーラーとSS-100牽引車の組み合わせが停まっている。マイラーヴァーゲンの右側に停まっているのは液体酸素を搭載したトレーラーとその牽引車である。

図版G：Feuerleitpanzer—発射管制装甲車

A-4発射セクションの発射管制装甲車はSd.Kfz.7ハーフトラックがベースになっており、その後部に装甲シェルターを取りつけたものである。全体がダークイエロー（RAL7028）に塗装されていた。右側のフェンダー後部には Division Zbv（特別任務師団）の戦術用認識マークが描かれている。この車輛は発射台から100〜500m離れ、浅い防護壕の内側に配置するように指示されていたが、それを準備する時間や土木作業の装備が無いことが多かった。そのような場合、このイラストの例のようにカバーのない畑や野原に配置された。ザ・ハーグの周辺の発射地点では、度々現れるRAFの戦闘機のパトロールに発見されるのを防ぐために、樹木の枝などによるカムフラージュが施された。

R-1Aの部隊の発射管制装甲車。ソ連のミサイル発射旅団はSU-85突撃砲戦車の武装を取り外し、その代わりに発射管制のためのエレクトロニクス装置を搭載して使用した。（A・アクセノフ）

マイラーヴァーゲンを使って、A-4ミサイルが発射台上に垂直姿勢で据えつけられた後、このトレーラーは僅かな間隔だけ後方に引き下げられる。ミサイルを支えていた起立操作アームは、ガントリーとしてミサイル発射準備作業に使用される。アームの半ばのあたりに見える筒型のものは、エンジンのターボポンプの燃料タンクである。（NARA）

◎訳者紹介｜手島 尚（てしまたかし）

1934年沖縄県南大東島生まれ。1957年、慶應義塾大学経済学部卒業後、日本航空に入社。1994年に退職。1960年代から航空関係の記事を執筆し、翻訳も手がける。訳書に『ドイツ空軍戦記』『最後のドイツ空軍』『西部戦線の独空軍』（以上朝日ソノラマ刊）、『ボーイング747を創った男たち』（講談社刊）、『クリムゾンスカイ』（光人社刊）、『ユンカースJu87シュトゥーカ 1937-1941 急降下爆撃航空団の戦歴』『第2戦闘航空団リヒトホーフェン』（小社刊）などがある。

オスプレイ・ミリタリー・シリーズ
世界の戦車イラストレイテッド 31

V-2弾道ミサイル　1942-1952

発行日	2005年2月11日　初版第1刷
著者	スティーヴン・ザロガ
訳者	手島 尚
発行者	小川光二
発行所	株式会社大日本絵画 〒101-0054 東京都千代田区神田錦町1丁目7番地 電話:03-3294-7861 http://www.kaiga.co.jp
編集	株式会社アートボックス http://www.modelkasten.com/
装幀・デザイン	関口八重子
印刷／製本	大日本印刷株式会社

©1994 Osprey Publishing Limited
Printed in Japan
ISBN4-499-22872-7　C0076

V-2 Ballistic Missile 1942-52
Steven J Zaloga

First Published In Great Britain in 1994,
by Osprey Publishing Ltd, Elms Court,
Chapel Way, Botley Oxford, Ox2 9Lp.
All Rights Reserved.
Japanese language translation
©2005 Dainippon Kaiga Co., Ltd